집중력

산만함의 시대에 집중을 유지하는 방법

집중력
산만함의 시대에 집중을 유지하는 방법

초판 1쇄 발행 2021년 12월 15일

지은이 스테판 판 데르 스틱켈
옮긴이 장혜인
편집 한정윤
디자인 엘비스
펴낸이 정갑수

펴낸곳 열린세상
출판등록 2004년 5월 10일 제300-2005-83호
주소 06691 서울시 서초구 방배천로 6길 27, 104호
전화 02-876-5789   팩스 02-876-5795
이메일 open_science@naver.com

ISBN 978-89-92985-85-7 03190

• 열린세상은 열린과학 출판사의 교양 · 실용 브랜드입니다.
• 잘못 만들어진 책은 구입하신 곳에서 바꾸어 드립니다.
• 값은 뒤표지에 있습니다.

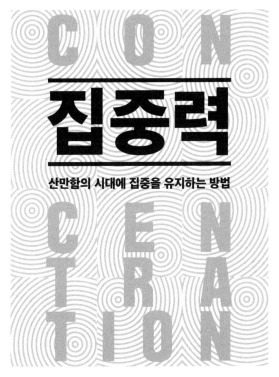

집중력

산만함의 시대에 집중을 유지하는 방법

스테판 판 데르 스틱켈 지음 | 장혜인 옮김

열린세상

우리는 주의를 기울이기로 한 것만 경험할 수 있다.
우리가 의식하는 것만이 우리의 정신을 이룬다.

-윌리엄 제임스William James, 『심리학의 원리 1』(아카넷, 2005)

차례

서기 1세기 로마의 철학자 루키우스 안나이우스 세네카Lucius Annaeus Seneca는 바깥세상에 정보가 너무 많다고 결론 내렸다. 세네카는 유통되는 책이 너무 많아 정보가 넘쳐나는 것이 주의 분산의 주된 요인이라며 걱정했다. 18세기 독일에서도 같은 문제가 불거졌다. '책이라는 전염병'을 뜻하는 뷔셔조이셰 Bücherseuche가 심각하게 논의될 정도였다. 이용할 수 있는 정보가 너무 많아 집중력에 나쁜 영향을 미칠 수 있다는 우려였다.

인쇄기의 발명부터 오늘날 디지털 사회의 부상에 이르기까지, 새로운 미디어는 그때마다 새로운 문제를 제기했다. 넘쳐나는 정보가 집중력에 부정적인 영향을 줄지도 모른다는 우려는 어제오늘 일이 아니며, 새로운 발전이 있을 때마다 사람들은 뇌 용량이 한계에 이를지도 모른다고 걱정했다. 지금까지는 이런 일이 일어나지 않았지만 그 순간이 빠르게 다가오고 있다는 두려움은 오늘날 그 어느 때보다 더욱 크다. 지금 우리 사회는 엄청난 변화를 겪고 있다. 1980년대부터 1990년대까지는 정보를 킬로바이트KB나 메가바이트MB 단위로 논했지만, 오늘날에는 제타바이트ZB나 요타바이트YB 단위로 말한다. 빨라진 네트워크와 저장 기술의 발달, 주머니 속 빠른 정보처리 기기 덕분에 정보는 점점 더 쌓이며 일상을 잠식한다. 구글이나 페이스북은 우리의 온라인 사용 습관을 추적해 무엇에 관심이 있는지 정확히 파악한다. 우리가 보는 광고는 우리의 취향을 바탕으로 선택되었다는 뜻이다. (나는 실수로 웹사이트 배너를 누를 때마다 조금 걱정스럽다. 구글이 내가 잘못 누른 바로 그 배너와 비슷한 광고를 연이어 내보낼 것이라는 사실을 알기 때문이다.)

디지털 세계가 믿을 수 없을 만큼 빨리 변하고 이용할 수 있는 정보가 늘어난다는 사실은 바로 우리가 지금 주의력 위기에 처했다는 의미다. 믿지 못하겠다면 소셜 미디어나 스마트폰이 창의력, 생산성, 집중력에 미치는 무서운 결과를 경고하는 기사와 책이 매주 얼마나 많이 쏟아지는지 살펴보라. 디지털 디톡스digital detox 서적 시장도 엄청나다. 소셜 미디어 때문에 끊임없이 주의력이 분산되며 겪는 스트레스 때문이다. 스마트폰 중독때문에 일어나는 교통사고 건수는 계속 늘고, 밤에 스마트폰을 보느라 수면 장애를 겪는 어린이도 갈수록 늘고 있다. 주의력의 기본 원리를 설명한 『주의력은 어떻게 작동하는가*How Attention Works*』(2019)를 출간한 후 나는 독자들이나 인터뷰를 통해 똑같은 질문을 여러 번 받았다. 바로 "급격한 사회 변화가 우리의 집중력에 미치는 영향은 무엇인가?"라는 질문이다. 많은 이들에게 중요한 문제다. 오늘날에는 집중하기 어려워하는 사람이 많다. 항상 주의가 분산되고 끊임없이 흐르는 정보에 매일 매 순간 휩쓸리기 때문이다.

요즘 아이들이 자라는 세계는 불과 20년 전과도 크게 다르다. 청소년은 소셜 미디어처럼 주의를 흐트러뜨리는 여러 요소의 주된 소비자다. 아직 뇌가 완전히 발달하지 않은 아이들이 끊임없이 교묘하게 관심을 끄는 소셜 미디어에 이끌리면 결국 주의력을 잘못 사용하게 된다. 잠깐만 정신이 약해지거나 지루해져도 아이들은 금세 스마트폰으로 눈을 돌린다. 공부에 집중하려고 막 앉았을 때 메시지 알람이 울리면 다시 주의력이 흐트러진다. 학생들의 관심을 끌고 붙잡아두기 힘들다고 호소하는 교사가 늘어나는 것도 당연하다. 교실에서 스마트폰 사용을 금지해도 스마트폰과의 경쟁은 그야말로 당해낼 수가 없다.

스마트폰은 점점 가정에도 침투하고 있다. 부모들은 아이들과 충분히 시간을 보내지 못한다. 핸드폰 알람이 울리면 아이와 레고로 집을 쌓다가도 멈추게 되고, 다시 놀이에 집중하기까지는 시간이 꽤 걸린다. 그것조차 무리한 요구일 때도 있다. 부모는 동료가 보낸 메시지 때문에 기분을 망치고 다시 일에 관심을 쏟게 될 수도 있다.

물론 자기계발서와 언론이 그리는 암울한 시나리오가 다 옳은 것은 아니다. 요즘에는 우리가 모두 디지털 치매를 앓게 된다거나 인간의 지능 수준이 곤두박질칠지도 모른다는 말도 안 되는 주장이 쏟아지기도 하는데, 모두 근거 없는 이야기다. 하지만 만사가 괜찮다는 뜻도 아니다. 멀티태스킹(multitasking, 다중작업) 성향이나 끊임없이 흘러드는 정보 때문에 우리는 집중에 큰 어려움을 겪고 있다. 좋은 소식도 있다. 디지털 사회의 부상과 함께 우리는 행동과 뇌를 더 잘 알게 되는 발전도 이루었다. 집중력이 어떻게 작동하는지 이해하면서 집중력을 최대한 활용할 방법도 알게 되었다. 끊임없이 흐르는 정보를 제대로 다루기 위해 우리 사회에 필요한 문제 해법은 우리 손에 달려 있다. 바로 옳은 선택을 하는 것이다.

하지만 전면적인 주의력 위기로 치닫는 상황을 막기 위한 선택이 쉽지만은 않다. 이 책에서 나는 정보 전달자와 수신자를 명확히 구분해 설명할 것이다. 집중력을 유지하려면 둘 다 바로 잡아야 한다. 우리는 매일 정보 전달자와 수신자 역할을 모두 한다. 발표를 하거나 유튜브 영상을 만들 때는 정보 전달자이고, 강의를 듣거나 책을 읽을 때는 정보 수신자다. 전달자는 수신자가 집중하기 쉬운 방식으로 정보를 제공하며 듣는 이의 관심을 끌기 위해 노력해야 한다. 수신자는 현명하게 주의력을 활용해 산만해지지 않아야 한다. 그러려면 집중력을 훈련하고 뇌를 건강하게 유지해야 하며, 사무 공간이나 학습 공간도 적절히 설계해야 한다. 다행히도 과학적 해결법은 많다. 이 책에서 나는 최선을 다해 이 해결법을 설명할 것이다.

주의력 위기

"관심을 가지면 세상 모두가 아름답다(이케아IKEA)"라든가 "우리는 고객에게 더 관심을 기울입니다(아이위시 안경Eyewish opticians)", "당신의 미래에 세심한 주의를 기울입니다(아에곤 보험Aegon Insurance)" 등의 광고 문구를 쓰는 기업이 늘고 있다. 요즘 얼마나 많은 광고가 주의력이라는 주제에 관심을 두고 있는지 주목할 만하다. 오늘날 시장에서 주의력의 역할이 얼마나 중요한지 잘 아는 기업과 광고주들은 소비자의 눈과 귀를 사로잡아 정보를 전달하는 데 여념이 없다.

이케아의 광고 문구와 달리 관심은 세상을 더 아름답게 만들지는 않지만 끊임없이 이어지는 정보의 흐름 속에서 뇌가 특정 데이터를 선택하게 하는 역할을 한다. 주의력은 필터처럼 작용해서, 이 주의력을 통과한 정보만 뇌에서 제대로 처리된다. 다른 정보는 그저 무시된다. 우리가 어디에 주의를 기울이는지에 따라 우리가 아는 것이 결정된다. 뇌는 매우 복잡한 주변 세계에 아주 빠르게 반응해야 하는데, 이 말은 우리가 끊임없이 결정을 내려야 한다는 의미다. 교차로에서 누가 지나갈지, 핸드폰에서 울리는 메시지에 얼마나 주의를 기울일지 빨리 결정하려면 문제를 충분히 검토하기도 전에 결정을 내려야 한다. 충동구매나 즉흥적인 감정 폭발이 좋은 예다. 이런 상황에서 우리는 최초의 반응에 따라 결정을 내린다. 우리는 주변 세계에 대한 지식을 바탕으로 결정을 내리기도 하지만, 이 지식 역시 우리가 과거에 관심을 가졌던 것을 바탕으로 얻은 것이다. 그러므로 주의력은 우리가 내리는 모든 결정에서 중요한 역할을 한다.

주의력 경제

주의력은 소중한 자원이며 필요할 때 사용할 수 있는 양이 한정되어 있으므로 아껴 써야 한다. 지난 몇 년간 많은 저자가 주의력 경제(인간의 주의력을 귀중한 자원으로 보고 여러 경제 현상을 설명하는 경제학 이론으로 관심 경제 또는 주목 경제라고도 한다 — 옮긴이)의 부상과 주의력 경제의 주요 품목인 우리의 소중한 주의력을 다룬 책을 여럿 내놓았다. 예를 들어, 팀 우Tim Wu는『주목하지 않을 권리』(알키, 2019)에서 주의력 경제가 처음에 어떻게 언론에 뿌리내렸는지 설명한다. 신문을 읽을 때 우리는 자진해서 신문사에 주의력을 넘기는데, 이 사실에 가장 먼저 주목한 것은 뉴욕의 신문《선The Sun》이다. 1833년에는 신문이 주로 엘리트를 겨냥한 사치품이었고 원가보다 훨씬 높은 가격에 판매되었다. 하지만《선》의 소유주들은 다른 전략을 취했다. 독자의 자발적인 관심을 신문 광고주에게 판다는 아이디어를 생각해 낸 것이다. 그 결과《선》은 경쟁사의 6분의 1밖에 되지 않는 가격에 신문을 팔 수 있게 되었고 광고 지면을 판매해 수익 대부분을 창출했다. 이런 움직임은 엄청난 성공을 거두었고 일 년도 지나지 않아《선》은 뉴욕에서 가장 많이 팔리는 신문이 되었다.

매일 신문을 읽는 데 많은 관심을 쏟는다는 확고한 특징을 지닌 거대하고 고정된 소비자 집단은 사실 모든 광고주의 꿈이다. 광고주는 목표 소비자 집단에 대한 지식을 이용해 소비자의 특정 요구에 맞춰 자신들의 메시지를 조절했다. 자발적인 주의력을 판매한다는 전략은 결국 현대 미디어 업계의 기본이 되었다. 광고는 우리가 매일 만나는 페이스북이나 구글 같은 기업의 가장 중요한 수입원이다. 이들이 제공하는 서비스는 언뜻 공짜인 것 같지만 사실 우리는 그 대가로 엄청난 주의력을 지불한다.

광고 대행사는 우리의 관심을 끄는 규칙과 요령을 잘 안다. 그래서 이들이 우리의 관심을 끌려고 기획한 광고는 점점 더 정교해진다. 이들은 우리의 기본 감정을 건드려 나체나 끔찍한 상황을 몹시 '흥미롭다'라고 여기게 만든다. 우리의 관심을 끌기 위해 눈길을 끄는 사진을 이용하고, 재앙 같은 것을 경고하는 기사는 거의 항상 뉴스 웹사이트 상단에 머문다. 우리의 관심을 끌기 위한 전투는 그 어느 때보다 치열하다. 더럽고 무자비한 전투다. 광고주는 우리의 주의를 흐트러뜨리려면 어떻게 해야 하는지 잘 안다. 유튜브에서 동영상을 보고 싶은가? 그렇다면 먼저 30초짜리 광고를 봐야 한다. 광고를 건너뛰고 싶다고? 광고를 닫으려고 ×표를 클릭하면 팝업이 뜬다. 그러면 우리의 소중한 주의력은 또 한 움큼 사라진다.

본래 소셜 미디어에 적극성을 부여하려고 도입한 '좋아요' 버튼도 사용자 정보를 더 많이 제공해 결과적으로 광고 알고리즘을 훨씬 영리하게 만든다. '좋아요' 버튼은 게시물에 대한 반응이 궁금한 우리를 계속 소셜 미디어로 이끈다. 결국 '좋아요'는 뇌가 좋아하는 일종의 단기적 보상을 주는 셈이다. 스냅챗은 친구들끼리 주고받을 수 있는 일련의 메시지나 '스트리크(streak, 사용자끼리 얼마나 메시지를 보냈는지 알려주는 스냅챗 기능 — 옮긴이)'를 기반으로 작동하므로, 이어지는 대화를 끊는 주범이 되고 싶지 않다면 매일 메시지를 보내야 한다. 이런 요구는 엄청난 사회적 압박으로 이어질 수 있는데, 젊은이들은 이런 압박에 특히 민감하다.

미디어 속의 주의력

주의력 경제는 미디어를 통해 정보가 전달되는 방식을 대부분 결정한다. 역사적으로 우리가 다양한 매체에 쏟는 관심의 양은 크게 달라졌다. 이런 변화는 우리의 '주의력 습관attention rituals'에 엄청난 영향을 미쳤다. 1920년 무렵에는 라디오에 광고가 거의 없었다. 라디오 청취는 가족의 영역이고 가족이 함께 있는 거실에는 광고가 들어오지 못하도록 단단히 선을 그어야 한다고 여겼기 때문에, 라디오에는 광고가 들어올 여지가 없었다.

하지만 라디오의 인기가 나날이 높아지며 이런 태도에 변화가 생겼다. 라디오, 그리고 이어 등장한 텔레비전은 광고 메시지를 보내기에 최적의 매체가 되었다. 채널이 상대적으로 적다 보니 특정 방송사가 막강한 파급력을 지녔다. 인기 있는 프로그램은 '관심 급상승'을 타며 입소문을 탔다. 수많은 사람이 특정 프로그램에 채널을 고정하고 특정 방송사에 자발적으로 주의력을 넘겼다. 선택의 여지가 거의 없었고 무엇보다 리모컨이 아직 발명되지 않았기 때문에 집중도가 매우 높았다. 사람들은 라디오나 텔레비전에 들러붙어 방송에 온 관심을 쏟았다. 하지만 특정 프로그램에 쏟아진 엄청난 관심은 리모컨의 등장과 함께 사라졌다. 이 새로운 기기가 도입되면서 사람들은 어떤 프로그램이 방송되는지도 모른 채 채널을 이리저리 돌릴 수 있게 되었고 실제로 그렇게 했기 때문에 각 프로그램에 쏟아지는 관심은 줄어들었다. 말하자면, 오늘날 우리는 방아쇠에 손가락을 얹고 텔레비전을 보는 셈이다. 정신이 산만해지고 주의력이 흐트러지면 우리는 새로운 정보를 찾아 끊임없이 채널을 획획 돌린다.

채널을 바꿀 때 우리는 어떤 채널을 볼지 충동적으로 결정한다. 특정 정보의 흐름에 자발적으로 주의를 집중하는 대신 반사적으로 채널을 이리저리 건너뛴다. 프로그램 제작자들은 이런 행동에 맞춰 전략을 바꿨다. 과거의 텔레비전 프로그램은 지금 보면 믿을 수 없을 정도로 느리다. 당시에는 다모클레스의 검(왕의 옥좌 위에 걸려 있어 언제 떨어져 목을 칠지 몰라 항상 위기와 위험에 대비해야 한다는 경고를 하는 검—옮긴이) 같은 리모컨이 없었기 때문이다. 우리의 관심을 끌 시간이 너무 짧아 자동 재생되는 페이스북 뉴스피드 사이의 광고에도 마찬가지로 새로운 방법이 적용된다.

음악계에서도 같은 현상을 볼 수 있다. 요즘은 스포티파이에서 들을 수 있는 음악이 워낙 많아 노래의 첫 30초가 아주 중요해졌다. 노래에서 코러스가 먼저 나오고 도입부에는 비트가 전혀 없는 경우가 많은 이유도 듣는 사람이 편하게 계속 듣도록 하기 위해서다. 그렇지 않으면 사용자는 몇 초도 되지 않아 페이지를 스크롤해 내려버리고, 더욱 귀를 사로잡고 소중한 관심을 자발적으로 오래 쏟을 만한 다른 음악을 클릭할 것이다. 뇌가 외부에서 무작위로 들어온 정보에 이끌리기보다 무언가에 비교적 오랜 시간 집중하려면 훨씬 큰 노력이 든다. 외부 정보를 그대로 받아들이는 데는 통제가 필요 없다. 요컨대 주의력경제 때문에 정보는 점점 더 빠른 속도로 전달된다.

주의력과 기술

기술이 개발되고 전달되는 정보가 크게 늘면서 우리의 관심을 끌기 위한 싸움은 더욱 치열해졌다. 그리고 이 싸움을 거쳐 오는 자극은 우리가 진짜 하고 싶은 것에서 주의를 빼앗는다. 내가 이 책을 쓰고 있는 도서관에서는 무언가에 빠진 학생들을 여럿 볼 수 있다. 학생들이 빠져 있는 것은 공부가 아니라 페이스북, 트위터, 인스타그램이다. 아침에 자전거로 도서관에 올 때 정말 이걸 하려고 했을까? 중요한 에세이를 쓰거나 교과서를 읽어야 하지 않을까? 학생들은 아마 방금 친구가 보낸 메시지 때문에 울린 스마트폰 알람에 주의가 산만해져서 쓰려던 에세이가 아니라 소셜 미디어에 완전히 빠져 버렸을 것이다. 스마트폰에서 벗어나 다시 공부에 집중하려면 엄청난 노력이 필요하다.

핸드폰은 오늘날의 주의력 위기에 많은 책임이 있다. 1985년에서 2010년 사이 미국의 휴대전화 가입 건수는 34만 건에서 무려 3억 290만 건으로 증가했다. 심지어 통화라는 휴대전화 본래의 기능도 우리가 주변에 기울이는 관심의 양을 줄여 주의를 흐트러뜨리는 큰 걸림돌이 되었다. 통화하면서 주변을 둘러볼 수는 있지만 그 행동 자체가 잡아먹는 주의력 때문에 우리는 가까이에서 실제로 일어나는 일을 거의 눈치 채지 못한다. 통제된 여러 실험실 연구가 이 사실을 명백하게 입증했지만, 서부 워싱턴대학교 과학자들은 한발 더 나아가 대학 캠퍼스에서 실험을 해 이 문제가 일상에 얼마나 영향을 미치는지 밝혔다. 연구자들은 실험에 대해 알지 못하는 학생 350명이 캠퍼스 광장을 걷는 모습을 관찰하고, 친구와 대화하거나 핸드폰으로 통화하거나 음악을 들으며 걷거나 그저 조용히 걸어가는 등의 행동에 따라 분류했다. 과학자들은 유명한 '보이지 않는 고릴라' 실험에서 영감을 얻어, 현장에 광대가 외발자전거를 타고 지나가게 했다.

뭔가 특이한 것을 보았는지 질문했을 때 음악을 듣거나 조용히 걷고 있던 사람 중 3분의 1은 외발자전거를 타는 광대를 보았다고 응답했고, 친구와 대화하며 걷던 사람 중 약 60퍼센트는 광대를 보았다고 했다. 하지만 핸드폰으로 통화하고 있던 사람 중 자연스럽게 광대를 기억한 사람은 8퍼센트에 불과했다. 연구자들은 이어 좀 더 구체적으로 질문했다. "외발자전거를 탄 광대를 보았습니까?" 친구와 걷던 사람의 71퍼센트는 바로 광대를 기억했다. 음악을 듣던 사람(61퍼센트)이나 혼자 걷던 사람(51퍼센트)도 광대를 기억했다. 하지만 핸드폰으로 통화를 하던 사람 중 외발자전거를 탄 광대를 보았다고 응답한 사람은 25퍼센트에 불과했다. 연구자들은 사람들의 보행 행태도 분석했다. 핸드폰으로 통화를 하며 걷던 사람은 걸음이 더 느리고 이리저리 걸었다. 다른 연구도 비슷한 결과를 보였다. 실험 참가자 500명 이상을 분석한 한 현장 연구에 따르면 핸드폰을 보며 걷는 사람은 그렇지 않은 사람보다 더 천천히 길을 건너고 주변을 덜 둘러본다.

이런 연구는 핸드폰 사용이 '상황 인식situation awareness'을 감소시킨다는 사실을 보여준다. 미국에서 보행자 사고의 원인을 분석한 대규모 연구 결과, 핸드폰 사용이 점점 중요한 사고 원인이 되고 있으며, 핸드폰으로 통화를 하던 보행자의 사고는 불과 몇 년 사이에 두 배가 되었다. 참가자에게 핸드폰을 사용하거나 사용하지 않으면서 특정한 길을 걷게 한 여러 실험 연구에서도 앞서 언급한 관찰 연구와 같은 결론을 얻었다. 핸드폰으로 통화를 하는 사람은 주변을 덜 주시하고 길에 있던 눈길을 끄는 많은 사물을 눈치 채지 못했다. 우리는 주변 상황과 전화 통화 모두에 완전히 집중할 수는 없다. 요즘 누구나 가지고 있는 핸드폰은 교통사고 증가에 일부 책임이 있다. 순전히 우리가 도로에 주의를 덜 기울이게 만들기 때문이다.

핸드폰은 왜 그토록 중독성이 있을까

지금까지 핸드폰이 우리 삶에 얼마나 큰 영향을 주는지 살펴보았다. 하지만 핸드폰은 왜 그토록 중독성이 있을까? 이 현상을 잘 설명하려면 먼저 '행동주의behaviorism'라는 과학 운동을 바탕으로 우리가 행동을 습득하는 방법을 간략히 살펴보아야 한다. 행동주의는 참가자가 실험이 진행되는 동안 무엇을 느끼고 경험했는지 스스로 말해주는 자기성찰이라는 표준 방법에 의문을 품은, 심리학 분야에서 일어난 첫 움직임이다. 예를 들어 자기성찰 방법을 이용한 실험에서는 참가자에게 메트로놈 소리를 들려주고 느낀 것을 설명하게 한다. 그러면 참가자는 특정 리듬이 다른 리듬보다 즐겁게 느껴진다고 말해준다. 하지만 행동학자들은 이런 주관적인 결과를 믿을 수 없다고 여기고 관찰할 수 있는 행동을 측정하는 실험을 진행하기 시작했다. 행동주의는 1913년 존 왓슨John Watson이 〈행동주의자의 관점에서 본 심리학Psychology as the Behaviorist Views It〉이라는 선언적인 논문을 발표하면서 공식적으로 시작되었다. 이 논문에서 왓슨은 심리학 연구를 할 때는 '자극-반응 관계stimulus response relationships'에 관심을 가져야 한다고 주장했다. 전등 스위치를 켜면 불이 들어오는 것처럼 우리는 받아들이는 정보에 반사적으로 반응한다. 마치 기계처럼 외부 세계에서 오는 자극에 자동으로 반응하는 것이다. 이후 반사작용을 획득하는 '조건화 conditioning'를 통해 자극-반응 관계가 형성된다.

조건화는 개가 먹이에 반응해 침을 흘리는 반응을 연구하던 이반 파블로프Ivan Pavlov가 우연히 발견했다. 파블로프는 먹이를 들고 가지 않아도 자신이 방에 들어가면 개가 침을 흘리기 시작한다는 사실을 발견했다. 개는 파블로프가 나타나는 것과 먹이를 주는 시간을 자동으로 연결한 것 같았다. 처음에는 그렇지 않았지만 파블로프와 개가 더 친숙해질수록 연결고리도 강해졌다. 결국 개는 먹이에 반응하는 것처럼 파블로프의 등장에 반응하기 시작했다. 행동주의의 언어로 풀이해 본다면, 파블로프는 처음에는 중립적인 자극이었지만 시간이 지나며 조건화된 자극이 된 것이다.

이후 종소리 같은 다른 사물을 이용한 실험을 통해 파블로프의 발견을 더 철저히 연구했지만 결론은 같았고, 이 결론은 개나 사람에게 모두 적용할 수 있었다. 일단 어떤 사물을 보상과 연결하기 시작하면 그 연관성은 되돌리기 어렵다. 되돌리려면 그 사물이 더는 보상으로 이어지지 않는 긴 시간을 거쳐야 한다. 처벌에도 같은 원칙이 적용된다. 참가자가 어떤 색깔을 볼 때 한두 번 전기 충격을 주면 뇌는 전기 충격을 주지 않아도 그 색깔이 나타날 때마다 깜짝 놀란다. 행동주의자에 따르면, 우리는 이런 상황에서 어떤 자유 의지도 발휘하지 못하고 주변에서 경험하는 모든 것에 자동 반사적인 반응을 보인다.

보상은 매우 중독적이다. 버튼을 누르면 먹이가 나온다는 사실을 깨달은 철망 속 쥐는 무한정 버튼을 누른다. 보상은 교육적 효과도 있어서 아이들을 양육하고 학교에서 가르칠 때도 이 원리를 이용할 수 있다. 어떤 행동에 계속 보상이 주어지는 한, 우리는 금방 보상이 주어지지 않더라도 그 행동을 계속한다. 새로운 메시지가 왔는지 확인하려고 본능적으로 핸드폰을 꺼내거나 컴퓨터에서 이메일을 열 때, 우리는 사실 앞서 살펴본 조건화된 쥐처럼 행동하는 셈이다. 새로운 메시지를 확인하려고 하던 일을 중단할 때 우리가 바라는 것은 보상이다. 당신을 생각하는 누군가가 보낸 짧은 안부 인사든, 친구가 올린 재미있는 고양이 영상이든, 그저 업무 관련 이메일이든, 우리는 새로운 메시지 하나하나를 일종의 보상으로 느낀다. 새로운 정보로 넘치는 행복한 일상이다!

그래서 우리는 핸드폰이나 컴퓨터로 받는 메시지를 보상 받을 가능성과 연결한다. 사실 이런 연관성은 예전에 누군가로부터 짧은 안부 인사 같은 메시지를 받고 기뻐하며 이를 보상으로 해석했던 과거의 사실에서 나온다. 우리는 철망 속 쥐처럼 소셜 미디어를 '좋아요'나 친구의 메시지 같은 보상과 연결한다. 그럴 필요가 없는데도 우리는 쥐처럼 계속 버튼을 누른다. 이제 이런 행동에 중독되어, 행동과 보상의 연관성을 유지하기 위해 매번 보상을 받는지 확인할 필요도 없다. 하지만 이메일이나 소셜 미디어가 곧 보상으로 이어진다는 보장이 없으므로 이런 보상은 변덕스럽다. 정도와 빈도가 계속 변하는 가변적 보상과 행동의 연관성 학습은 시간이 오래 걸리지만, 이 연관성을 지우는 '소거extinction'도 마찬가지로 시간이 오래 걸린다. 언제 보상을 받을지 항상 정확히 알 수 있다면 우리는 그 순간에만 전화를 받을 것이다. 하지만 안타깝게도 보상을 주는 메시지가 언제나 예상한 순간에만 오지는 않는다.

이메일도 마찬가지다. 옛날에는 다른 사람에게 메시지를 보내려면 종이나 펜, 우표, 우편함 등을 찾아야 해서 훨씬 번거로웠지만, 요즘 이메일을 보내기는 매우 쉽고 게다가 공짜여서 우리의 우편함은 항상 넘쳐난다. 이메일을 보내야겠다는 생각과 그 생각을 타이핑할 시간만 있으면 금방이다. 우편은 보통 하루에 한 번만 배달되지만, 이메일은 언제든 받을 수 있다. 그래서 우리는 뭔가 새롭고 재미있는 메일이 도착했을지 몰라 너무 자주 우편함을 확인하는 데 익숙해진 '주의력 습관'을 들였다. 아침에 우편함에 편지가 와 있을지 모른다고 기대할 수는 있지만 한번 편지가 오면 그날은 더는 편지가 오지 않는다는 사실을 안다. 게다가 받은 편지에 즉시 답장을 쓰고 최대한 빨리 편지를 부치러 우편함으로 달려가지도 않는다. 편지를 보내는 데는 시간이 걸리고, 상대방도 즉시 답장을 받기를 기대하지 않는다.

이메일을 보내는 일도 크게 다르지 않다. 하지만 이메일을 보낸 지 5분도 되지 않았는데 득달같이 달려와 이메일을 읽었는지 묻는 동료가 한 명쯤은 있을 것이다. 생각해 보면 누군가가 고작 이메일이나 문자 메시지를 하나 보냈다고 당신의 소중한 집중력에서 상당 부분을 내놓으라고 주장할 수 있다는 사실은 놀라울 뿐이다.

주의력과 의료

주의력이 귀중하고 가치 있는 상품이라는 사실을 점점 더 인식하는 분야는 바로 의료 분야다. 필요한 치료를 한 다음 환자와 대화하는 일정 시간을 갖는 관행을 말하는 '관심 시간 attention minutes'은 점점 일반화되는 의료 지침 중 하나다. 이제

돌봄 서비스 종사자들은 환자와 보내는 시간을 표시하는 점검표를 들고 다닌다. 목욕과 옷 갈아입기 20분, 환자와 대화하기 5분 같은 식이다.

의료 분야에서는 환자에게 의료 외적인 관심을 보이는 일이 의료 서비스의 근본적인 부분에 해당하는지, 아니면 시간이 남을 때 제공하는 추가 서비스인지에 대해 여전히 논쟁이 진행되고 있다. 어떤 이들은 의료 종사자가 필요한 의료 서비스에 집중할 여력도 모자란다고 주장한다. 그러면 환자에게 필요한 관심은 환자 가족의 책임이거나 의료진이 시간이 남을 때 제공하는 부가 서비스가 된다. 네덜란드에서 노인 의료에 할당되는 자금이 점점 줄고 있다는 사실을 보면, 노인이 요구하는 관심은 이제 순전히 공적인 문제만은 아니다. 대신 노인 의료를 책임지는 일은 가족의 몫이 된다. 가족이 책임지면 노인에게 관심을 기울일 시간이 부족한 의료 종사자는 자신이 훈련받은 필수 의료 서비스에 더욱 집중할 수 있다.

하지만 최근 과학계에서는 다른 목소리가 나온다. 전문적인 치료가 필요한 일을 적절한 지침에 따라 수행하고 나서 환자와 날씨 이야기 같은 대화를 잠깐 나눈다고 좋은 의료를 다했다고 볼 수는 없다는 주장이다. 환자 자신이 실제로 의료 종사자가 자신에게 귀 기울인다고 느끼는지도 중요하다. 환자는 의료 종사자의 관심이 중요한 자원이고 당연히 주어지는 것이 아니라는 사실을 잘 안다. 환자에게 보이는 관심이 귀중하고 가치 있는 자원이라는 사실뿐만 아니라, 환자에게 의료 외적인 관심을 보이는 일이 중요하다는 사실을 의료 분야의 학생들이 배워야 하는 이유다.

우리는 특히 자신이 취약하다고 느낄 때 우리가 갈망하는 관심을 받고 있는지 아닌지 금방 알아챈다. 게다가 우리는 대화 상대가 우리에게 충분히 관심을 보이는지 알아내기 위해 많은 시간을 쓴다. 관심을 받는 것이 당연하지 않다는 사실을 잘 알 때는 특히 그렇다. 의사가 환자를 진료하면서 컴퓨터 화면만 주시하면 환자에게 무관심하다고 느껴질 수 있고, 환자 대부분은 이를 금세 알아차린다. 환자의 증례가 복잡해서 의사가 정확히 진단하기 위해 매우 집중하고 있더라도 말이다. 하지만 여러 연구에 따르면 환자는 정확한 진단만으로는 치료에 충분히 만족하지 못한다. 환자는 의사가 자신의 말에 귀 기울인다고 느끼기를 원한다. 따라서 관심은 좋은 의료의 중요한 부분이다.

급격한 변화

네덜란드에서는 1998년 프란스 브로멧Frans Bromet이 만든 한 다큐멘터리 영상이 촬영된 지 20년 만에 인터넷에서 큰 인기를 끌었다. 영상에서는 거리의 사람들에게 핸드폰을 가졌는지 묻는다. 대부분은 "아니오"라고 대답하면서 미소나 웃음을 숨기지 못한다. 사람들은 "왜 핸드폰이 필요해요? 집에 자동응답기 있는데요!"라거나 "온종일 사람들 전화를 받고 싶지는 않은데요" 또는 "자전거 타고 있는데 전화가 울리면 어떡해요!"라고 대답한다. 이후 많은 것이 변했다. 요즘은 어디를 가든 스마트폰 화면을 들여다보는 사람을 만날 수 있다. 기차를 기다리든 건널목에서 신호가 녹색불로 바뀌기를 기다리든 우리는 핸드폰에서 눈을 떼지 못한다. 암스테르담의 전차는 사실 예전보다 훨씬 조용하다. 옛날 젊은이들은 전차에서 왁자지껄 수다를 떨었지만 요즘 젊은이들은 조용히 앉아 스마트폰만 들여다본다. 설상가상으로 우리가 밤에 잠들기 직전까지 하는 일이나 아침에 일어나자마자 가장 먼저 하는 일은 모두 소셜 미디어 확인이다.

브로멧의 다큐멘터리는 촬영된 지 20여 년밖에 되지 않았지만, 이 영상은 핸드폰과 소셜 미디어가 비교적 최근의 발명품이며 우리가 아직도 익숙해지려 애쓰고 있다는 사실을 상기시키는 좋은 사례다.

매일 우리가 받는 새로운 정보의 양은 지난 수십 년간 극적으로 증가했다. 과학자들은 2011년 미국에 사는 사람이 하루에 받는 정보는 1986년에 비해 5배나 많다고 추정했다. 이는 한 사람당 하루에 신문 175부에 맞먹는 수치다. 우리가 주머니에 넣고 다니는 핸드폰의 정보처리 능력은 아폴로 우주 계획 사령선의 최대 처리 능력보다 많다. 이용할 수 있는 새로운 정보가 늘어난다는 것은 무엇을 선택하고 무엇을 무시할지 끊임없이 선택해야 한다는 의미다. 집중하려면 우리는 계속 선택해야 한다. 이 책의 목표에 따라 우리는 '집중력concentration'을 일정 시간 동안 산만해지지 않고 특정 과제에 관심을 유지하는 행동으로 정의할 것이다.

이 책에서는 집중력을 향상하는 유용한 조언을 제공할 뿐만 아니라 집중력이 뇌에서 어떻게 작동하는지 설명하고 집중력을 다룬 최신 과학 연구 결과를 논할 것이다. 집중력을 향상하는 가장 좋은 방법은 집중력이 어떻게 작동하는지 아는 것이다. 집중력 향상의 첫 단계는 주의력의 가치를 인식하고, 특히 요즘처럼 바쁜 시대에는 집중력이 결코 당연하게 주어지는 것이 아님을 깨닫는 것이다.

집중력은 매우 유용하지만 앱이나 외부 자극처럼 우라의 관심을 끌려는 다른 정보 때문에 쉽게 분산된다. 따라서 고도의 집중력이 필요한 순간에는 주변 환경을 정돈해 방해나 산만함을 일으킬 만한 요소를 최소한으로 줄여야 한다. 핸드폰으로 받는 알람이 모두 잠재적인 보상으로 이어진다고 여길 수 있지만, 조건화된 관계는 시간이 지나면 사라진다는 점을 기억하자. 핸드폰의 설정 몇 개만 바꿔도 소셜 미디어 알람 수신을 끌 수 있다. 처음에는 익숙해지는 데 조금 시간이 걸리겠지만 결과는 매우 보람 있을 것이다. 직장에서도 컴퓨터 알람을 꺼 놓거나 주의를 산만하게 할 수 있는 잠재적인 주변 요소를 줄여 주의 분산을 최소화할 수 있다. 파블로프의 개도 연관성이 사라지자 침을 흘리지 않았다. 개도 할 수 있으니, 당신도 물론 할 수 있다.

1

왜 집중하기
어려울까

나는 항상 집에서 나갈 때 보이는 곳에 열쇠를 둔다. 그래야 문이 잠겨 집에 못 들어오는 불상사를 막을 수 있기 때문이다. 보내야 할 우편물이 있으면 출근 가방에 잊지 않고 넣도록 눈에 잘 띄는 곳에 둔다. 손수건을 가지고 다니지는 않지만 깜빡하기 쉬운 물건에는 다른 사람들처럼 떠올릴 만한 꼬리표 같은 것을 달아 두는 버릇이 있다. 우리는 정보를 저장할 때 흔히 외부 세계를 이용한다. 레스토랑의 웨이터는 복잡한 음료 주문을 받는 즉시 바에 잔을 늘어놓아 '외부 기억external memory'에 주문을 저장한다. 그러면 내부 기억에 정보를 저장하지 않고도 어떤 음료를 따라야 하는지 기억할 수 있다. 이전 주문을 잊지 않고 다음 주문을 받을 수도 있다.

외부 세계를 정보 저장고로 이용하면 뇌의 '내부' 기억에 부담을 주지 않는다는 이점이 있다. 우리는 기억해야 할 많은 정보를 저장하기 위해 외부 기억 저장고를 이용한다. 다이어리에 약속을 기록하고, 수많은 할 일 목록을 적고, 잊을까 봐 걱정되는 일을 떠올리려고 집안 곳곳에 메모를 남긴다. 사람들 대부분은 전화번호를 두 개 이상 기억하지 못하는데, 중요한 전화번호는 스마트폰 메모리에 비교적 안전하게 저장되어 있기 때문이다. 사실 우리는 대체로 내부 기억보다 외부 기억에 의존하는 편을 선호한다. 내부 기억은 에너지를 많이 소모하고 용량이 제한적이며 믿을 수 없는 경우가 많기 때문이다.

기억이 뇌에만 한정된 것은 아니라는 생각은 기억 같은 인지 기능을 이해하는 비교적 새로운 접근법을 보여준다. 전통적으로 실험 심리학은 (우리는 곧 우리 뇌와 마찬가지라는 믿음을 바탕으로) 뇌 '안쪽'에서 일어나는 과정에만 집중했다. 하지만 인지과학에서 제기된 '체화된 인지embodied cognition'라는 새로운 학설의 영향으로 실험 심리학은 인지 기능에 대해 제한된 관점만 보여준다는 사실이 밝혀졌다. 체화된 인지 이론에 따르면, 우리 몸은 외부 환경과 뗄 수 없는 관계이므로 우리 몸이 환경과 반응하는 방식과 인지를 별개로 볼 수 없다.

예를 들어 우리는 실제로 행동에 옮긴 이야기를 더 많이 기억한다. 한 실험에서는 참가자에게 나중에 세부 사항을 기억해 보라고 요청할 것이라는 사실을 알려주지 않고 어떤 이야기를 읽게 했다. 첫 번째 참가자 그룹은 그냥 이야기를 읽고, 두 번째 그룹은 이야기와 관련된 몇 가지 문제에 답을 쓰고, 세 번째 그룹은 다른 참가자들과 문제에 관해 토론하게 했다. 마지막 그룹은 이야기를 연기하게 했다. 그다음 모든 참가자에게 이야기와 관련된 시험문제를 냈다. 그 결과 이야기를 연기한 그룹이 이야기를 더 상세하게 기억했다. 신체를 이용하면 더 효과적으로 기억할 수 있다는 의미다. 수업이나 강의를 들을 때 필기를 하면 나중에 노트를 버리더라도 더 잘 기억할 수 있는 것도 같은 이유다. 필기도 일종의 신체적인 행동이기 때문이다. 게다가 종이에 펜으로 필기할 때는 노트북에 키보드로 타이핑할 때보다 훨씬 복합적인 운동 기술이 필요하므로 더욱 기억에 도움이 된다.

정보는 작업 기억에 어떻게 접근할까

정보를 단기적으로 저장하려면 복잡한 과제를 수행하는 뇌 영역인 작업 기억working memory을 이용해야 한다. 작업 기억은 작업대에 늘어놓은 도구와 재료에 비유할 수 있다. 온갖 도구와 재료로 가득한 도구상자와 창고가 있어도 쓸 수 있는 것은 눈앞의 작업대에 놓인 것뿐이다. 작업대의 물건은 최소로 유지해야 한다. 그렇지 않으면 효율적으로 일할 수 없다. 따라서 작업 기억에 어떤 정보를 넣을지 선택하는 일은 매우 중요하다. 일정 시간에 특정 과제를 수행할 때도 작업 기억을 사용하므로 작업 기억은 집중력에 핵심적이다. 그러므로 집중력이나 주의력을 제대로 발휘하려면 무엇보다 작업 기억이 어떻게 작동하는지 알아야 한다. 구체적인 조언을 제시하기 전에 먼저 작업 기억의 기본 기능을 살펴보겠다.

정보가 작업 기억에 접근하는 방법은 간단히 말하면 두 가지다. 감각을 통해 외부 세계에서 접근하거나, 무언가를 생각할 때처럼 내부 세계에서 접근한다. 하지만 외부 세계에서 감각을 통해 얻은 정보가 모두 작업 기억에 들어오는 것은 아니다. 물론 다행스러운 일이다. 그렇지 않으면 인지한 모든 정보가 작업대를 차지하기 위해 싸울 것이고, 우리는 너무 많은 정보에 시달린 나머지 외부 세계에서 얻은 정보 외에는 아무것도 생각하지 못하게 될 수도 있기 때문이다. 이런 일이 발생하지 않으려면 가장 중요한 정보를 선택하고 그것에 주의를 집중해야 한다. 주의력은 작업 기억으로 가는 관문이다. 우리가 주의를 집중하는 정보만이 작업 기억에 접근할 수 있다. 표 1.1을 보자.

표 1.1

감각이 외부 세계에서 얻은 정보를 불러내는 첫 번째 관문은 '감각 기억sensory memory'이다. 이 감각 기억 중 일부만이 작업 기억에 도달한다. 시각 체계와 관련된 감각 기억은 '영상 기억iconic memory'이라고도 알려져 있다. 영상 기억은 단 몇 밀리초 동안 세계에 대한 상세한 이미지를 만들고 저장하는 아주 짧은 기억이다. 영상 기억은 망막에 투사된 이미지에 대한 일종의 완충재 역할을 한다. 청각 정보와 관련된 감각 기억은 '잔향 기억echoic memory'이라고 부른다. 잔향 기억은 우리가 방금 들은 소리의 잔향을 기억한다. 기본적으로 우리는 감각 기억에 직접 접근할 수 없으므로, 감각 기억은 우리 기억 체계의 몹시 홍

미로운 구성 요소다. 하지만 영상 기억을 살짝 엿볼 수는 있다. 어두운 방에서 막대 불꽃을 켜고 흔들면 방금 불꽃이 있던 자리에 꼬리처럼 잔상이 남는다. 어둠 속에서는 아무것도 보이지 않으므로 이 잔상은 사실 아직 새로운 정보로 덮이지 않은 기억의 내용이다. 물론 우리는 밤에도 밝은 환경에 있으므로 이런 일은 잘 일어나지 않는다. 즉, 우리의 영상 기억은 끊임없이 새로 덮인다.

1960년 인지심리학자인 조지 스펄링George Sperling은 시각 정보를 저장하는 임시적이고 매우 짧은 기억 체계의 용량을 알아보는 연구를 시작했다. 스펄링은 실험 참가자에게 50밀리초라는 매우 짧은 순간 동안 몇 가지 글자를 화면에 띄워 보여준 다음 글자를 몇 개 보았는지 물었다(그림 1.2 참고). 글자가 뜬 시간이 너무 짧아서 참가자가 알아본 글자는 겨우 네댓 개에 불과했다. 그러자 스펄링은 참가자를 도울 묘수를 고안했다. 참가자에게 글자를 다시 보고 글자가 사라진 직후 나오는 음을 듣게 했다. 높은음이 들리면 맨 윗줄에 어떤 글자가 있었는지 대답하고, 중간음이 들리면 가운뎃줄에 있는 글자에 주의를 집중하고, 낮은음이 들리면 맨 아랫줄 글자에 주목하라고 했다. 참가자가 영상 기억 속 특정 행에 집중할 수 있다는 의미다. 하지만 소리가 들린 것은 이미 글자가 사라진 후라는 점을 기억하자. 참가자가 기억에서 정보를 다시 찾아와야 한다는 뜻이다. 놀랍게도 이 방법은 효과가 있었다! 영상 기억에서 특정 행에 집중하자 참가자는 한 줄에 최대 세 글자를 기억할 수 있었다. 참가자가 어느 정도 영상 기억 체계에 접근했다는 사실을 보여주는 결과다. 영상 기억의 용량은 작업 기억의 용량보다 훨씬 크지만 우리가 접근하기에는 아주 제한적이라는 뜻이기도 하다. 이 실험에서는 글자를 띄운 직후 참가자에게 소리를 들려주었다. 하지만 소리를 들려주든 그렇지 않든 불과 1초가 지나면 참가자의 기억에서 정보는 이미 사라지고 결과는 나아지지 않았다.

그림 1.2 스펄링의 영상 기억 실험 사례

우리 대부분은 '기억'이라는 단어를 오래전 일어난 일과 연관하지만, 사실 기억은 우리의 감각 중 하나가 정보를 얻은 직후 시작된다. 감각 기억의 정확한 목적은 아무도 모른다. 어떤 과학자들은 감각 기억이 우리 주변 세상에 대해 세세한 세부를 형성하지 않고 첫인상을 만든다고 주장한다. 문제는 감각 기억을 연구하려면 스펄링이 고안한 것 같은 다소 이상한 기술을 사용해야 한다는 점이다. 우리가 아는 것은 감각 기억에서 나온 정보 일부가 작업 기억이 되려면 주의력이 필요하다는 사실뿐이다. 그래야 정보가 작업대에 배치되고 뇌는 정보를 생각하고 평가할 수 있다. 우리가 정보에 계속 주의를 기울이는 한 정보는 작업 기억에 오랫동안 저장된다.

표 1.1은 정보가 장기 기억long-term memory을 통해서도 작업 기억에 접근할 수 있다는 사실을 보여준다. 다행스러운 일이다. 그렇지 않으면 우리는 감각을 통해 받는 정보만 생각할 수 있을 것이기 때문이다. 장기 기억은 우리가 기억 속에 오랫동안 모으고 저장할 수 있는 모든 정보를 총칭하는 용어다. 장기 기억 체계에 정보를 얼마나 저장할 수 있는지 정확히 말할 수는 없지만, 작업 기억과 달리 장기 기억의 용량은 대략 무한하다고 볼 수 있다.

장기 기억은 우리가 평생 축적한 지식은 물론 과거의 모든 개인적 기억을 포함한다. 작업 기억에 든 정보를 오랫동안 활성 상태로 유지하면 장기 기억에 정보를 저장할 수 있다. 전화번호를 계속 반복하거나 끊임없이 생각해서 작업 기억에 충분히 오래 보관하면 그 번호는 장기 기억에 저장된다. 하지만 장기 기억의 특이한 점은 정보가 성공적으로 저장되었는지 확실히 알 길이 없다는 점이다. 어떤 정보가 장기 기억에 있다는 사실을 알아도 그 정보에 접근하지 못할 수도 있다. 정확한 지침을 내려야 정보를 되찾아올 수 있다. 누군가의 이름이 떠오르지 않아 당황스러웠던 적은 누구나 있을 텐데, 이런 현상은 우리가 장기 기억에 정확한 지시를 내리지 못했기 때문이다. 이럴 때 우리는 그 사람과 관련된 것을 떠올려 정보가 있는 위치를 알아내려 한다. 이렇게 하면 기억을 활성화하는 데 도움이 된다. 반대로 어떤 향수 냄새를 맡고 나서 예전에 저장했다고 미처 생각하지 못한 기억이 불현듯 떠오를 수도 있다. 특정 상황에서 얻은 정보는 같은 상황에 놓이면 더 쉽게 꺼내올 수 있다. 시험을 치를 장소에서 공부하면 다른 장소에서 공부할 때보다 더 높은 점수를 받을 가능성이 크다. 무언가를 배운 장소를 떠올리면 장기 기억에서 특정 정보를 찾아오는 데 도움이 된다.

이메일을 읽는 등 특정 과제에 집중하면 그 과제와 관련된 정보가 일시적으로 작업 기억에 저장된다. 동시에 이메일과 관련된 새로운 정보는 계속해서 작업 기억에 접근한다. 하지만 관련 없는 다른 정보도 작업 기억에 접근한다. 이메일을 읽고 있는데 팝업이 뜨면 자동으로 이 새로운 정보에 관심이 쏠린다. 관련 없는 팝업 정보는 작업 기억에서 다른 정보를 밀어내기 때문에 집중력을 위협한다. 심지어 원래 정확히 무엇을 하고 있었는지조차 잊고 집중력을 완전히 잃게 될지도 모른다.

작업 기억에 정보 저장하기

부치려던 편지를 잊어버린 채 가방에 넣고 며칠 동안 돌아다닌 적이 있는가? 집에 오가는 도중 우편함을 몇 번이나 마주쳤는데도 계속 가방에 든 편지를 잊은 것이다. 어떤 과제를 계속 반복하지 않으면 그저 작업 기억에서 사라지기 때문에 이런 일이 일어난다. 편지 부치는 일을 잊지 않는 유일한 방법은 계속 반복해서 상기하면서 작업 기억에 그 과제를 저장하는 것뿐이다. 할 수는 있지만 너무 지겨운 일이다. 작업 기억에서 기억이 사라지지 않게 하려면 편지 부치는 일을 계속 기억하면서 다른 일은 아무것도 생각하지 말아야 한다. 관심을 끄는 외부 세계의 다른 생각이나 일이라도 작업 기억에 스멀스멀 들어오면 편지를 부쳐야 한다는 생각은 언젠가 돌아오리라는 기약도 없이 기억에서 아예 밀려나 버릴 수도 있다. 게다가 이런 일이 일어나지 않게 막을 수도 없다. 온종일 무슨 일이 일어날지, 누구를 마주칠지 미리 정확히 알 방도는 없기 때문이다.

간단한 계산을 한다고 생각해 보자. 15 곱하기 13 같은 계산은 그다지 어렵지 않다. 다음과 같이 일련의 단계로 나누면 된다. 먼저 10 곱하기 13을 하고 그다음 5 곱하기 13을 해서 둘을 더한다. 하지만 계산이 복잡해지면 어렵다. 323 곱하기 144 같은 문제를 작업 기억만 이용해서 풀라고 한다면 불가능하지는 않겠지만 대부분의 사람은 상당히 어려워할 것이다. 작업 기억은 한 번에 일정량의 정보만 저장할 수 있기 때문이다. 현재 작업 기억을 점유하고 있는 정보 조각을 '기억항목item'이라 한다. 작업 기억은 평균 여섯 개 정도의 기억항목을 저장할 수 있다. 물론 한 가지 항목을 기억하는 것보다 두 가지 항목을 저장하기는 훨씬 어렵다는 점은 유념해야 한다. 그래서 사람들 대부분은 앞서 말한 계산 문제를 매우 어려워한다. 15 곱하기 13 같은 덜 복잡한 계산에 적용했던 방법을 이용한다면 323 곱하기 100의 답을 기억한 채로 323 곱하기 44를 해야 한다. 계산에 훨씬 많은 단계가 필요하고 기억해야 할 숫자도 많은 복잡한 수학 문제는 더 많은 기억항목으로 구성된다.

사람마다 작업 기억에 저장할 수 있는 정보의 양(즉, 작업 기억의 '용량capacity')은 크게 다르다. 작업 기억의 기능을 다룬 많은 연구에서도 작업 기억 용량이 작은 참가자와 큰 참가자 사이에 차이가 나타났다. 작업 기억 용량은 다른 주요 인지 기능이 어떻게 작동하는지도 정확히 나타낸다. 작업 기억 용량에 따라 뇌 손상을 입은 환자에게 기억력 훈련이 얼마나 효과가 있을지, 조현병 환자의 언어 능력이 얼마나 될지, 특히 정보를 장기간 얼마나 잘 저장할 수 있을지 예측할 수 있다. 이 상관관계는 언제나 한 방향이다. 작업 기억 용량이 클수록 수학 문제를 풀거나 IQ 검사를 하는 등 복잡한 과제를 더 잘한다. 아주 어린 나이에도 작업 기억을 통해 이 아이가 나중에 커서 문제를 논리적으로 잘 해결할지 정확히 예측할 수 있다.

다행히도 작업 기억을 훈련하면 용량을 늘릴 수 있다. 예를 들어 주의력결핍 과잉행동장애(ADHD, attention deficit hyperactivity disorder)를 겪거나 발달이 늦은 어린이처럼 작업 기억 용량이 작은 사람도 기억 게임을 하면서 작업 기억 용량을 늘릴 수 있다. 작업 기억과 관련된 더 복잡한 과제의 수행도도 향상될 수도 있다. 하지만 이런 개선 효과는 집단 전체로 볼 때만 나타나므로 작업 기억 용량이 작은 사람 모두에게 훈련이 반 드시 효과 있다는 의미는 아니다.

훈련 외에도 외부 세계를 기억 체계로 사용해 작업 기억 용 량을 늘릴 수도 있다. 우리는 어려운 수학 방정식을 풀 때 단계 마다 중간 답을 적는데, 이렇게 하면 내부에 정보를 저장하지 않고도 필요할 때 즉시 정보에 접근할 수 있다. 이전 단계의 답 을 기억하고 있지 않아도 작업 기억을 이용해 다음 단계의 답을 얻을 수 있다. 물론 간단히 계산기를 이용할 수도 있다. 이 역시 외부 작업 기억을 이용하는 방법이다.

작업 기억에 정보를 저장하려면 계속 반복해야 한다. 1959년 심리학자 로이드 피터슨Lloyd Peterson과 마거릿 피터슨Margaret Peterson은 지금은 고전이 된 실험에서 참가자들에게 CSP, WKL, SRP 같은 여러 단어를 기억하게 했다. 각 단어가 화면에 짧게 나타났다가 사라진 다음 신호가 들리면 참가자는 방금 본 단어를 말해야 한다. 간단한 조건에서는 단어가 사라지고 얼마 나 시간이 지난 후에 신호가 들렸는지에 따라 참가자의 기억력 이 크게 달라지지 않았다. 참가자들은 모두 단어를 잘 기억했 다. 하지만 복잡한 조건에서는 결과가 달랐다. 연구자들은 단어 가 사라진 다음 참가자에게 어떤 숫자를 보여주고 그 숫자에서 연속해서 3을 빼라고 했다. 단어는 계속 기억해야 했다. 예를 들어 숫자 456을 보여주면 참가자는 453, 450, 447처럼 계속 3을 빼며 답해야 했다. 이렇게 하면 화면에서 단어가 사라진 다음 얼마나 시간이 지난 후에 신호가 들렸는지에 따라 기억력이 크게 달라질 것이라는 사실을 쉽게 예상할 수 있다. 뺄셈은 참가자의 작업 기억 용량을 갉아먹기 때문이다. 참가자가 10초간 연속해서 뺄셈한 후에는 몇 개의 단어만 기억할 수 있었고, 18초 후에는 겨우 5퍼센트밖에 정확히 기억하지 못했다. 뺄셈을 하려면 작업 기억을 사용해야 하기 때문이다. 믿지 못하겠다면 수학 방정식을 풀면서 동시에 이야기를 해 보라. 분명 할 수 없을 것이다. 둘 다 작업 기억을 사용해야 하는 과제이고 작업 기억은 한 번에 한 가지 과제만 수행할 수 있기 때문이다.

작업 기억에서 정보를 반복하면 정보가 잊히지 않고 장기 기억에 저장될 가능성이 커진다. 비교적 간단한 계산을 할 때도 다른 정보는 작업 기억에 저장되지 못하고 영원히 뇌에서 사라질 수도 있다. 고도로 집중력을 발휘해야 할 때는 산만함을 모두 피해야 하는 중요한 이유다. 수행하는 과제에 필수적인 정보라도 계속 생각하지 않으면 눈 깜짝할 새에 사라진다.

작업 기억에 어떤 정보를 저장할 수 있을까

당신의 작업 기억을 간단히 실험해 볼 시간이다. 아래 글자를 재빨리 보고 눈을 감은 다음 글자를 기억해보라.

U S A N A S A N A T O

그리 어렵지 않았을 것이다. 당신은 열한 개 글자를 작업 기억에 넣었다! 앞서 작업 기억에 넣을 수 있는 기억항목이 여섯 개라고 말했는데, 그것보다 훨씬 많다. 하지만 흥분하기에는 이르다. 아마 당신은 잘 알려진 기억 도우미를 사용했을 가능성이 아주 크다. 당신은 열한 개 글자가 세 개의 약자(USA, NASA, NATO)로 이루어져 있다는 사실을 발견하고 세 그룹으로 분류해 열한 개 글자를 각각 기억하는 대신 세 세트의 글자를 기억했다. 이를 '덩이짓기chunking'라고 한다. 각 기억항목을 모두 기억하려 애쓰기보다 각각의 글자나 숫자, 이미지를 한데 묶어 작업 기억에 더 많은 정보를 저장하는 기술이다.

이렇게 하면 복잡한 정보도 하나의 기억항목으로 작업 기억에 저장할 수 있다. 전화번호나 계좌번호를 기억할 때 이런 기술을 이용하는 데 익숙할 것이다. 최근 유럽에 도입된 IBAN 계좌번호 체계(유럽에서 송금 결제 자동화를 위해 사용하는 수취계좌 고유번호로, 네덜란드의 IBAN 번호는 열여덟 자리로 구성된다. 예를 들면 이런 식이다. NL02ABNA0123456789 — 옮긴이)는 언뜻 보면 기억하기 쉽지 않다. 하지만 IBAN 번호가 어떻게 구성되는지 알면 훨씬 기억하기 쉽다. 예를 들어 IBAN 번호 중간의 글자는 은행 이름을 나타내는 은행 코드다. 물론 IBAN 번호를 구성하는 열여덟 개의 숫자와 글자를 각각 작업 기억에 저장할 수도 있지만, 은행 코드(즉, 은행 이름)를 덩이짓기 해서 단일 기억항목으로 저장하면 골칫거리를 덜고 작업 기억 공간을 절약할 수 있다. 작업 기억의 용량을 늘리는 데 이용되는 기술은 대부분 정보 덩이짓기를 얼마나 효과적으로 하느냐에 달려 있는데, 덩이짓기의 효과는 해당 정보에 대한 친숙함에 따라 다르므로 사람마다 차이가 있다. 장거리 달리기 선수가 숫자를 경주 주파 기록 형태로 기억하는 것이 이런 기술의 좋은 예다. 이렇게 하면 작업 기억에 숫자를 80자리까지 기억할 수 있다! 하지만 안타깝게도 경주 주파 기록을 잘 모르는 사람에게는 거의 쓸모없는 방법이다.

지금까지 살펴본 사례는 주로 작업 기억에 숫자나 글자를 저장하는 방법에 초점을 맞추었다. 하지만 우리 마음은 시각 이미지나 노래에 사로잡히기도 한다. 작업 기억에 무엇을 넣고 이에 주의를 집중할 수 있을지 알려면 먼저 작업 기억의 여러 구성 요소를 살펴보아야 한다. 서로 다른 과제는 각각 다른 부분의 작업 기억에서 주의력을 요구한다는 점에서 볼 때, 작업 기억의 구성 요소에 대해 알면 어떤 과제를 동시에 할 수 있고 어떤 과제는 동시에 할 수 없는지 금방 알 수 있다.

작업 기억 연구를 선도하는 연구자는 요크대학교 교수인 앨런 배들리Alan Baddeley다. 배들리는 1950년대 우편번호 기억 방법을 연구하며 경력을 쌓았다. 당시 영국 우체국은 전국 우편번호를 도입해 우편 체계를 현대화하려고 했다. 그리고 우리는 지금도 영국에서 사용되는 우편번호에 대해 배들리에게 감사해야 한다. 영국 우편번호는 여섯 개의 문자와 숫자로 구성되는데, 이 숫자는 작업 기억의 용량에 근거한 숫자다. 배들리는 우편번호를 쉽게 기억하도록 첫 글자는 해당 도시나 마을 이름의 첫 글자로 시작해야 한다고 제안했다(예를 들어 배스Bath시의 우편번호는 BA로 시작한다). 덩이짓기를 하면 우편번호의 첫 부분을 기억하기 쉽고, 더 어려운 나머지 부분을 잘못 써도 편지가 목적지에 제대로 도착한다는 부가적 이점도 있다. 우편번호의 나머지 부분은 문자와 숫자로 구성되며, 도시를 나타내는 앞부분과 혼동되지 않도록 숫자로 시작한다(예: BA27AY). 배들리의 방법은 매우 성공적이었고, 최근 우체국에서 실시한 조사에 따르면 인구의 92퍼센트가 아직도 PIN 번호나 결혼기념일보다 우편번호가 더 기억하기 쉽다고 응답했다. PIN 번호나 결혼기념일은 우편번호보다 더 적은 숫자로 이루어져 있지만, 우편번호는 정보를 덩이짓기 할 수 있고 숫자와 문자 배열이 효율적이어서 훨씬 기억하기 쉽다. 미국 우편번호(예: CA 90210 ― 옮긴이)는 지역을 나타내는 유일한 단서가 주州 이름 약어뿐이라서 덜 쉽다.

우편번호 작업을 마친 배들리는 기억이라는 주제에 깊이 빠져들었고, 결국 가장 영향력 있는 작업 기억 모델을 고안했다.

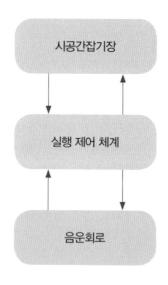

표 1.3 작업 기억은 공간 정보를 저장하는 시공간잡기장과 청각적 및 언어적 정보를 저장하는 음운회로라는 두 가지 저장 체계 및 중앙집행기로 구성된다.

배들리의 모델에서 작업 기억은 세 가지 요소로 이루어져 있다. 주된 요소는 배의 선장처럼 명령을 내리는 '중앙집행기central executive'로, 인지 과정을 시작하고 확인하는 역할을 한다. 중앙집행기는 뇌 언어 기능을 조종해 텍스트를 해독하거나 눈이 무엇을 보아야 할지 알려준다. 중앙집행기는 작업 기억의 두 가지 저장 체계인 '시공간잡기장visuospatial sketchpad'과 '음운회로 phonological loop'를 이용한다.

음운회로는 소리나 음성 텍스트 같은 청각적·언어적 정보를 저장한다. 누군가 전화번호를 말해주면 당신은 번호를 되뇌면서 이 정보를 반복해서 들으며 음운회로에 저장한다. (다음 문장을 읽을 때 숫자 1, 5, 8을 기억하려고 해 보라.) 음운회로는 당신이 무언가를 읽을 때도 활성화된다. 우리는 읽은 정보를 소리 없는 말로 변환해 음운회로로 옮긴다. 뇌의 언어 영역에서 이 정보를 처리하면 텍스트를 이해할 수 있다. 우리가 읽은 각 단어는 의미가 처리될 때까지 작업 기억에 저장된다. (자, 숫자를 쉽게 기억할 수 있었나? 아마 당신은 숫자를 완전히 잊었거나 방금 읽은 마지막 몇 문장의 의미를 이해하지 못했을 것이다.)

우리가 생각하고 추론할 때 사용하는 내면의 목소리가 도달하는 곳도 음운회로다. 그래서 우리는 텍스트를 읽고 이해하면서 동시에 다른 것을 생각할 수 없다. 두 과정 모두 같은 기억용량을 이용해야 하기 때문이다. 큰 소리로 말하면서 청각 정보를 기억하거나('조음 억제articulatory suppression'라고도 알려져 있다), 당신의 이름을 말하면서 동시에 다른 사람의 이름을 기억하기 어려운 이유이기도 하다. 큰 소리로 말하면 청각 정보가 음운회로에서 반복되지 못하고 정보가 손실된다. 노래를 들을 때 다른 음악이 들리면 노래의 멜로디를 기억할 수 없는 이유도 마찬가지다(음악을 듣거나 음악을 떠올리는 일은 둘 다 음운회로를 이용하기 때문이다). 따라서 어떤 사람을 처음 만나면 당신의 이름을 말하기 전에 상대방의 이름을 반복해보는 편이 좋다.

음운회로의 용량

작업 기억에 정보를 저장하려면 적극적으로 반복해야 한다는 점을 볼 때, 음운회로에 긴 단어를 기억하기는 짧은 단어를 기억하기보다 훨씬 어렵다.

다음 단어 목록을 기억해보라.

단어 목록 1 = 파티, 농담, 개, 별, 산책, 노랑

단어 목록 2 = 우연의 일치, 치즈버거, 휴대전화, 대학 강사, 군침 돌다, 교통체증

두 번째 목록보다 첫 번째 목록의 단어가 훨씬 기억하기 쉬울 것이다. 긴 단어를 반복할 때는 작업 기억에서 이전 단어가 지워질 가능성이 훨씬 크다. 결국 한 단어를 마지막으로 반복한 후 시간이 더 많이 지날수록 그 단어를 잊기 쉽다. 음운회로가 저장할 수 있는 단어의 수 자체는 고정되어 있지 않다. 대신 음운회로의 용량은 단어를 얼마나 빨리 반복하는지에 달려 있다.

사고와 의사소통은 언어적 과정이므로 음운회로는 일상생활에서 매우 중요하다. 이야기하거나 책을 읽고 혼잣말을 할 때도 우리는 계속 음운회로를 이용한다. 화를 삭이려 속으로 말할 때도 마찬가지다. 이렇게 하면 일시적인 감정을 잠재우고 심박 수를 조절할 수 있다. 성격 나쁜 운전자를 만나면 욕을 퍼부을 수도 있지만 속으로 혼잣말을 하면 실제로 욕을 내뱉지 않을 수 있다. 하지만 음운회로의 용량은 한정되어 있어 동시에 여러 가지를 생각할 수 없고, 누군가 갑자기 말을 걸기라도 하면 그 내용 일부는 사라져 버린다.

작업 기억에는 음운회로 외에 다른 저장 체계도 있다. 바로 시공간잡기장이다. 우리는 시각 정보와 위치 정보를 시공간잡기장에 저장한다. 무언가를 상상할 때도 시공간잡기장을 이용한다. 누군가의 얼굴이나 고향 집 구조를 떠올릴 때 이런 정보는 장기 기억에서 끄집어져 나와 시공간잡기장에 저장된다. 책장에서 빨간 표지의 책을 찾으려 하면 시공간잡기장에서 빨간색이 활성화되고 주변의 모든 빨간색 사물이 즉시 주의를 끈다. 공간을 탐색할 때 시공간잡기장의 내용을 활용할 수 있다는 의미다. 열쇠를 어디에 두었는지 기억나지 않을 때 열쇠를 시각화하면 좀 더 효율적으로 열쇠를 찾을 수 있다. 열쇠를 어디에 두었는지 기억하고 싶다면 시공간잡기장에 그 위치를 저장하면 된다. 세계지도의 한 점에 핀을 꽂는 것과 비슷하다. 열쇠의 위치를 기억하려면 그 위치에 핀을 꽂고 시공간잡기장에 기억을 저장한다.

시공간잡기장에 시각 정보를 저장할 수도 있지만 여기서 정보를 '편집'할 수도 있다. 현실에서 본 적이 없는 사물을 상상하고 그 사물에 다른 색을 부여하거나 회전할 수도 있다. 그림 1.4를 보자. 첫 번째 블록을 회전한 블록은 1번~4번 중 어떤 것인가? 답을 찾으려면 시공간잡기장에서 다른 블록들을 '정신 회전mental rotation'해야 한다. 연구에 따르면 정신 회전에 걸리는 시간은 정답을 찾는 데 필요한 단계의 수에 따라 달라진다. 즉, 블록을 손에 들고 있는 것처럼 머릿속에서 회전할 수 있어야 한다는 의미다. 정답은 ④번이다.

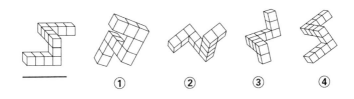

① ② ③ ④

그림 1.4

연구에 따르면 운동선수나 음악가는 일반인보다 정신 회전을 훨씬 잘한다. 실험해 보면 이들은 다른 사람들보다 정신 회전을 훨씬 빨리하고 실수도 적다. 하지만 우리도 정신 회전 같은 과제를 더 잘하도록 훈련할 수 있다. 실험 참가자가 신체적 훈련을 받기 전후 각각 정신 회전 실험을 하고 그 결과를 비교한 연구에서도 신체 운동의 효과가 입증되었다. 운동 경기에서 승부를 겨루거나 높은 수준으로 악기를 연주하려면 자신의 행동뿐만 아니라 상대나 선생님의 행동도 상상할 수 있어야 한다. 이런 정신 훈련을 하면 시공간잡기장을 훨씬 효율적으로 만들 수 있고 정신 회전 같은 과제의 수행 능력을 향상할 수 있다.

그리고 이렇게 말하기는 조금 미안하지만, 남성이 여성보다 공간 문제를 더 잘 푼다는 흔한 주장은 사실이다. 놀랍게도 생후 3개월 된 아기들도 이런 현저한 성차를 보인다. 과학자들은 이 현상을 연구하기 위해 아기들이 화면에 나타나는 특정 사물을 얼마나 오래 바라보는지 관찰한 후, 사물을 오래 바라보는 행동은 다른 사물보다 그 사물을 더 흥미롭게 여긴다는 사실을 의미한다고 결론 내렸다. 남자아기들은 여자아기들보다 어떤 사물을 회전시킨 변형 사물을 더 오래 바라보고 금방 알아챘다. 꼭 남성이 어릴 때부터 공간 문제에 더 익숙하다는 의미는 아니지만, 아기들이 회전된 사물을 지각하는 방식에 성차가 있다는 사실을 분명히 나타낸다. 하지만 이 성차가 꼭 선천적이라는 의미는 아니라는 점 역시 지적해야겠다. 어릴 때부터 남자아이들이 정신 회전 기술의 발달에 도움이 되는 장난감을 여자아이들보다 더 많이 받았기 때문일 수도 있다. 레고 같은 경우를 보자. 레고는 보통 정신 회전 기술이 필요한 장난감이다. 그러므로 다음에 여자아이에게 줄 선물을 살 때는 레고 코너를 둘러보자. 정신 회전 능력이 필요한 소박한 집짓기 놀이 같은 다른 장난감이 많아도 말이다.

글자를 단어로 덩이짓는 것처럼 시공간잡기장의 정보도 덩이짓기할 수 있다. 시각적 사물은 다양한 색과 모양을 지닌다. 이때 각각의 색과 모양을 개별 항목으로 기억할 수도 있지만 복합적인 전체 형상을 단일 항목으로 기억할 수도 있다. 시공간잡기장은 복합적인 형상을 네 개까지는 그다지 어렵지 않게 기억할 수 있다. 동일한 용량에 네 가지 색이나 네 가지 모양, 또는 다양한 색과 모양을 지닌 복합적인 사물 네 개를 기억할 수도 있다. 따라서 시공간잡기장은 얼마나 복잡하든 전체 사물을 기억할 수 있다. 이 또한 다행스러운 일이다. 우리 일상의 시각적 세계는 여러 실험 사례에서 흔히 사용하는 단순한 무색의 사물이 아닌 복잡한 형상으로 구성되어 있기 때문이다.

작업 기억에서 주의력의 역할

앞서 언급한 두 가지 저장 체계는 서로 어느 정도 독립적으로 작동한다. 소리 내어 말하면 언어 정보가 음운회로에 저장되지 못한다는 사실은 이미 살펴보았다. 하지만 사물을 정신 회전해도 음운회로는 방해받지 않는다. 정신 회전은 언어적 과제가 아니므로 음운회로에서 일어나는 과정에 거의 영향을 미치지 않는다. 중앙집행기는 두 저장 체계에 주의력이 골고루 분산되도록 조절한다.

자동차를 운전할 때 동승자가 전방 경로에 대해 지시한다고 상상해 보자. 우리는 말로 된 정보의 형태로 오는 이 정보를 경로에 대한 시각 이미지로 변환해야 한다. 이때 음운회로와 시공간잡기장이라는 두 가지 저장 체계가 모두 사용된다. 작업 기억은 두 과정 모두에 충분한 주의력을 기울여 정보가 전부 저장될 수 있도록 한다. 시각적 측면에 너무 주의를 기울인다면 당신은 아마 이렇게 말할 것이다. "잠깐, 지금 뭐라고 했어? 못 들었어." 음운회로의 정보에는 거의 주의를 기울이지 않고 결과적으로 그 정보를 따라가지 못한 것이다. 동시에 중앙집행기는 외부에서 들어오는 다른 정보는 모두 무시하도록 한다. 라디오가 켜져 있어 교통 정보처럼 말로 된 다른 정보가 들어올 수도 있다. 이때 중앙집행기는 외부 정보를 무시하고 대신 필요한 정보에 주의를 집중하도록 하는 일종의 심판 역할을 한다.

작업 기억의 특정 과제에 주의를 집중하려면 좋은 집중력이 꼭 필요하다. 이론적 주의력 모델에서는 이런 주의력을 '실행 주의력executive attention'이라 한다. 어떤 활동을 실행하는 데 필요한 주의력이라는 의미다. 중앙집행기의 기능을 설명하는 다른 용어로는 '인지 제어cognitive control'와 '실행 기능executive function'이 있다. 둘 다 의미는 비슷하다. 일정 시간 연관된 지시에 집중하고 필요한 곳에서 행동을 감독하고 조정해 과제에 집중하고 과제를 성공적으로 실행하는 것이다.

테니스 경기를 할 때 비장의 무기를 가지고 있다고 생각해 보자. 경기의 중요한 순간에 직면할 때마다 당신은 네트 바로 아래에 공을 짧게 떨어뜨리는 드롭샷을 날린다. 첫 번째 세트에서는 매번 잘 먹힌다. 상대는 드롭샷을 예상하지 못하고 몇 번이나 허를 찔린다. 하지만 두 번째 세트에서는 상대도 당신의 기술을 눈치채고 당신이 드롭샷을 날리려 할 때마다 받아낼 준비를 한다. 두 번째 세트에서 지면 전략을 조정해야 한다는 사실을 깨닫게 된다. 작업 기억을 지배하는 규칙을 바꾸고 다른 선택을 해야 하는 순간이다. 예를 들어 상대편의 가장자리 베이스라인에 더 많은 샷을 날리기로 전략을 바꾸는 것이다. 전략을 조정하는 것, 이것이 실행 주의력의 역할이다. 이 과제에 집중하지 못하면 반복해서 같은 실수를 저지르고 있다는 사실을 깨닫지 못한 채 그저 자동조종을 계속할 것이다. 행동을 평가하고 필요한 순간에 조정하려면 집중력이 필요하다.

뇌 손상 등으로 작업 기억에 문제가 생기면, 전략이 효과적으로 작동하지 못한 지 오래되었더라도 성공적인 전략으로 조정하지 못한다. '고집성perseveration'이라 부르는 이 현상은 우리가 유연한 태도로 주변 세계와 상호작용할 수 있게 하는 작업 기억의 매우 중요한 기능을 보여준다. 흔히 '위스콘신 카드 분류 검사Wisconsin card sorting task'라는 실험으로 이 유연성을 측정한다. 과제를 하는 참가자는 특정 규칙에 따라 카드 더미를 분류해야 한다. 그림 1.5에서 볼 수 있듯 카드들은 색깔(이 책에서는 회색 음영), 모양, 수량 등 여러 특성에 따라 분류된다. 카드 더미가 네 개 있고, 참가자는 앞서 언급한 세 가지 특성 중 하나에 따라 낱장 카드를 분류해 옮긴다. 색깔이라는 특성에 따라 분류한다면 낱장 카드를 색깔이 같은 첫 번째 더미에 올린다. 모양이라는 특성에 따라 분류한다면 모양이 같은 네 번째 더미 위에 올린다. 수량이라는 특성에 따라 분류한다면 수량이 같은 두 번째 더미 위에 놓는다.

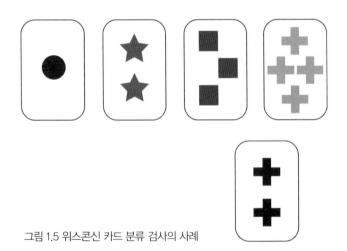

그림 1.5 위스콘신 카드 분류 검사의 사례

몇 번 과제를 하고 나면 분류 규칙을 바꾼다. 일정 시간 색깔을 기준으로 카드를 분류했다면 다음에는 수량을 기준으로 분류한다. 테니스 경기의 세 번째 세트에서 중요한 순간에 드롭샷을 날리지 않는 것과 마찬가지다. 하지만 고집성이라는 문제를 겪는 환자는 이 검사를 매우 어려워한다. 이런 환자는 틀렸다는 피드백을 받고 자신이 정확히 무엇을 잘못하고 있는지 알아도 새로운 규칙을 따르지 않고 계속 예전의 규칙을 고집하며 카드를 분류한다.

어린이나 노인은 젊은 성인보다 이 과제를 수행하는 데 훨씬 어려움을 겪는다. 작업 기억 대부분을 담당하는 전전두엽 피질prefrontal cortex이라는 뇌 영역은 가장 늦게 성숙하고 나이가 들면 가장 먼저 퇴화하는 부분이기 때문이다. 전전두엽 피질은 우리가 어떤 과제를 수행하든 통제 능력에 명령을 내린다. 뇌의 관제센터라고 보면 된다. 전전두엽 피질과 뇌의 다른 영역은 강한 신경 고리로 이어져 있고, 전전두엽 피질에는 다른 부분의 활성을 통제하거나 활성화하는 독특한 구조가 있다. 인간의 뇌에 있는 이 고리는 다른 동물 뇌에 있는 고리보다 훨씬 강력해서, 인간은 계획하고 조직하고 분석하고 추리하는 능력이 다른 동물보다 훨씬 좋다.

집중력이 좋으면 주변 환경과 유연하게 상호작용할 수 있다. 다른 상황에는 다른 규칙이 필요하다. 이웃에게 말하는 말투와 상사에게 말하는 말투는 다르다(물론 두 사람이 동일인이 아니라는 전제하에서다). 무거운 문을 열 때는 힘을 많이 써야 하지만 가벼운 문을 열 때 같은 힘을 쓰면 오히려 다칠 수도 있다. 출근길에 운전할 때 완전히 집중하지 않아도 안전하게 직장에 도착할 수 있는 것은 매일 같은 길로 다니기 때문이다. 하지만 토요일 아침에 체육관에 운전해 가려고 했는데 불현듯 사무실 주차장에 도착해버린 때처럼 문제가 발생하기도 한다. 우리 부서가 다른 구역으로 이사했을 때 나는 길에 집중하지 않고 자동조종에 따라 사무실로 걸어가다가 평소처럼 옛 건물로 향한 적도 있다.

집중력은 우리가 어떤 활동을 할 때 산만해지지 않도록 해준다. 관련 없는 문제에 완전히 주의를 끊을 수 있다면 과제를 막힘없이 해낼 수 있을 것이다. 이상적인 상황에서라면 무엇을 하든 절대 산만해지지 않을 것이라 자신할 수도 있지만, 사실 그렇지 않다. 진화론적 관점에서 보면 사실 집중하는 순간에 주의를 흐트러뜨리지 않는 것이 오히려 더 위험하다. 과거 인간은 잠재적인 포식자를 알아채기 위해 항상 경계해야 했다. 지금도 무언가에 열중하고 있을 때 누군가 갑자기 어깨를 툭툭 치면 깜짝 놀라는 것도 이 때문이다. 이런 반사작용은 '도피 반응'을 유발하고 필요할 때 위험에서 도망칠 수 있게 해 준다.

우리 뇌는 끊임없이 주변을 감시하고, 위험한 순간에 하던 일을 즉시 중단해야 한다는 신호를 보낸다. 뇌는 인지 신경과학에서 말하는 '회로 차단기circuit breaker'를 이용해 작업 기억을 방해해 자동 정지를 시작한다. 당신이 편안히 앉아 이 책을 읽고 있는 동안에도 이 장치는 계속 당신의 안전을 살핀다. '회로 차단기'는 주로 뇌 복측 전두두정엽망ventral frontoparietal network의 우반구에 있다. 주의력이 미치지 않는 곳에 어떤 사물이 있더라도 이 낯선 사물의 존재에 반응하는 뇌 영역의 집합이다. 우리는 이 장치를 거의 통제할 수도 없고, 또 그래야 한다. 위험한 상황에서는 무엇에 주의를 기울일지 결정할 시간이 없다. 중요한 것은 하던 일을 즉시 멈추고 도망가는 것이다!

주의력에는 전형적인 차이를 보이는 두 가지 형태가 있다. 읽고 있는 책이나 듣고 있는 라디오 프로그램처럼 작업 기억에서 현재 수행하는 과제에 기반한 '자발적 주의력voluntary attention'과, 작업 기억으로 정보를 밀어 넣는 통제할 수 없고 자동적인 '반사적 주의력relexive attention'이다. 반사적 주의력은 고도의 집중력을 발휘할 때도 주변을 주시할 수 있게 해주기 때문에 중요하지만 집중력을 방해할 수도 있다. 하지만 집중력을 흐트러뜨리는 자극이 반드시 경고 신호는 아니다. 그러므로 무언가에 집중하고 싶다면 할 수 있는 한 불필요한 자극을 피하고 달갑지 않게 주의를 분산시키는 기기를 멀리해야 한다. 지금쯤이면 핸드폰과 컴퓨터 알람을 모두 꺼두는 것이 집중력에 왜 그처럼 이로운지 이해했을 것이다.

작업 기억이 꽉 차서 집중하기 어려울 때

2016년 12월, 온라인에 게시된 한 동영상이 짧은 시간에 수백만 뷰를 달성했다. 얼핏 보면 전형적인 미국 고등학생들 사이의 순수한 사랑 이야기처럼 보인다. 두 학생은 학교 책상에 낙서를 이어가며 메시지를 남긴다. 영상이 끝날 때쯤 두 학생은 서로 만난다. 하지만 마지막 장면에서는 다른 학생이 교실에 들어와 총을 난사한다. 미국 학생들을 괴롭혀 온 대규모 총기 난사 사건을 명백하게 언급하는 장면이다. 이 영상은 2012년 샌디훅 초등학교에서 발생한 것과 같은 총기 난사 사건이 다시 발생하지 않도록 비영리단체인 '샌디훅 프로미스Sandy Hook Promise'가 만든 것이다.

이 영상이 그토록 눈길을 사로잡는 이유에는, 우리가 사랑 이야기에 빠져 있지 않았다면 미리 발견할 수도 있었을 수많은 신호가 영상 마지막에 밝혀진다는 점에 있다. 마지막에 총을 들고 나타나는 학생의 일탈 행동 신호가 영상 곳곳에 배치되어 있다. 범인은 다른 학생들과 전혀 만나지 않고, 총을 쏘는 흉내를 내고, 총에 대한 정보를 인터넷에서 검색한다. 이 모든 사실을 누구나 볼 수 있었지만 아무도 눈치채지 못했다. 여기에 이 영상이 전하려는 메시지가 있다. '주변에서 일어나는 일에 관심을 기울이세요. 바로 우리 옆 누군가가 대규모 총기 난사를 준비하고 있을지도 모릅니다.' 샌디훅 프로미스의 표어와 마찬가지다. "총기 사건은 징후를 발견하면 예방할 수 있다."

의도는 좋았지만 이 영상은 사실 잘못된 메시지를 전한다. 이 영상은 뇌에 불가능한 것을 요구한다. 우리는 한 번에 한 가지에만 집중할 수 있다. 이 영상이 위험한 것은 사람들이 이 영상을 보고 나면 아무리 사소한 것이라도 우리 주변에서 일어나는 일에 관심을 기울이지 않았다고 죄책감을 느낄 수 있기 때문이다. 우리 삶 주변에서 일어나는 일에 끊임없이 관심을 기울여야 한다고 상상해 보자. 그렇다면 정말 중요한 일에 집중할 수 없을 것이다. 정확히 외상후스트레스장애(PTSD, post-traumatic stress disorder) 환자가 겪는 일이다. PTSD 환자는 위험의 징후를 찾으려 끊임없이 무의식적으로 주변을 샅샅이 뒤지기 때문에 집중하는 데 어려움을 겪는다. PTSD 환자들의 작업 기억 일부는 항상 활성화 상태여서 집중력에 큰 문제가 발생한다.

PTSD는 외상 또는 흔히 생명을 위협하는 사건과 관련된 심각한 스트레스 상황의 결과로, 때로 심각한 신체적 상해와 연관되기도 한다. PTSD 연구는 초기에는 주로 베트남 전쟁 사례에서 시작되었지만, PTSD를 겪는 군인의 이야기는 사실 고대에도 있었다. PTSD는 보통 군대와 관련 있지만 학대나 중대한 사고 때문에 일어나기도 한다. PTSD 환자는 심각한 악몽에 시달리고 아주 작은 자극에도 아주 높은 수준의 신경 긴장을 보인다. PTSD 환자가 문을 쾅 닫는 소리에 보이는 과민한 신경 반응이 대표적인 사례다. 뇌는 영구적인 스트레스를 받으며 작동하므로 작업 기억은 심각한 타격을 입는다. PTSD 환자의 뇌 스캔 결과 작업 기억을 담당하는 영역에서 뇌 활성의 이상이 발견되었다. 이런 이상이 발생하면 전반적인 일상 활동 통제 수준에 영향을 주어, 환자들은 지속적인 멀티태스킹 상태에 놓인 것처럼 보인다.

PTSD를 겪지 않는 사람도 불안이 집중력에 영향을 준다는 사실을 잘 안다. 두려움을 느끼며 책을 읽어 본 적이 있는가? 불가능하다. 불안하면 작업 기억은 주변을 계속 감시하는 일을 최우선으로 한다. 샌디훅 프로미스의 영상에서 권하는 행동처럼 모든 세부 사항을 일일이 확인해야 한다.

　우리는 모두 때로 무언가를 걱정한다. 하지만 시험 같은 것을 너무 많이 걱정하면 완전히 꼼짝 못하게 될 수도 있다. 이렇게 되면 걱정이 작업 기억 용량을 너무 많이 차지해 기량을 최고로 발휘할 수 없게 되는 '질식choking' 상태가 된다. 작업 기억 용량이 한정되어 있다는 사실을 볼 때, 작업 기억에 과부하가 걸리면 특히 복잡한 활동의 수행도에 영향을 미치는 것은 당연하다. 불안을 완화하면 수행도도 올라간다는 의미다. 실험 참가자 두 그룹을 대상으로 실시한 훌륭한 실험으로 이를 입증할 수 있다.

　첫 번째 그룹은 아무것도 하지 않고 10분 동안 가만히 앉아 있다가 어려운 수학 방정식을 풀었다. 이들은 시험 성적에 따라 보상을 받는다는 사실을 알았기 때문에 내내 다가올 과제를 걱정했다. 두 번째 그룹은 10분 동안 가만히 앉아 있는 대신 다가올 시험에 관한 생각이나 느낌을 종이에 적었다. 그냥 바로 시험을 보았을 때는 두 그룹 참가자 모두 똑같이 문제를 잘 풀었지만, 10분 동안 서로 다른 행동을 한 후 시험을 보자 그냥 앉아 있던 참가자는 종이에 생각을 적은 참가자보다 실수를 훨씬 더 많이 했다.

더욱 흥미로운 점은 종이에 걱정을 적은 두 번째 그룹은 첫 번째 시험보다 종이에 생각을 적고 난 다음에 치른 두 번째 시험에서 더 좋은 성적을 냈다는 점이다. 시험이나 과제 전에 종이에 생각이나 걱정거리를 적으면 작업 기억을 정돈하고 훨씬 예리하게 만드는 데 도움이 될 수 있다. 물리적 세계가 외부 기억 역할을 한다는 사실과 연관되는 지점이다. 이렇게 하면 걱정은 머리에서 사라지고 걱정을 쓴 종이라는 외부 기억에 저장되므로 필요한 작업 기억 용량을 확보할 수 있다.

작업 기억에 요구할 수 있는 양은 한정되어 있다. 작업 기억에 과도한 부담을 주면 실수로 이어진다. 작업 기억이 정보로 가득 차면 다른 과제를 할 용량이 거의 남지 않는다. 실험 참가자에게 어려운 과제를 하는 동안 촬영을 하고 나중에 평가한다고 말하면 성적이 나빠진다. 이 정보와 관련된 생각을 작업 기억에서 처리해야 하므로 이미 어려운 과제가 한층 어려워진다. 코치가 운동선수에게 중요한 시합 전 마음을 비우라고 조언하는 이유다. 작업 기억의 제한된 용량과 작업 기억에 저장된 정보의 취약성을 볼 때, 집중력을 유지하는 일은 결코 쉽지 않다. 따라서 제대로 집중하고 싶다면 작업 기억을 최대로 활용하고 불필요한 산만함은 모두 피해야 한다.

2

멀티태스킹을
해야 할 때와
하지 말아야 할 때

유명한 회계법인 프라이스워터하우스쿠퍼스 PricewaterhouseCoopers의 회계사인 브라이언 컬리넌Brian Cullinan은 자신이 동료들보다 운이 좋다고 생각했다. 매년 열리는 오스카 시상식에서 수상자 봉투를 건네는 책임을 맡고 있었기 때문이다. 브라이언과 동료인 마사 루이즈Martha Ruiz는 투표가 제대로 집계되었는지, 수상자의 이름이 든 봉투가 순서대로 놓여 있는지, 그리고 시상식 당일 올바른 봉투가 올바른 사람에게 제대로 건네지는지 확인하는 임무를 맡았다. 시상식 일주일

전 그들은 BBC와의 인터뷰에서 투표 전체 과정이 얼마나 철두철미하게 이루어지는지 자랑했다. 그들은 영화예술과학아카데미Academy of Motion Picture Arts and Sciences 회원 7천 명의 표를 여러 번 집계하고 결과가 담긴 봉투를 밀봉해 금고에 넣었다. 두 사람은 두 세트의 봉투를 만들어 하나는 브라이언이, 하나는 마사가 가지고 엄중한 보안을 받으며 따로 시상식에 갔다. 모든 과정은 철저히 안전하게 이루어졌다. 시상식에서 두 사람은 무대 양쪽에 각각 서 있었다. 수상작 발표자가 무대 어느 쪽에서 올라가든 관계없이 무대에 오르기 전 올바른 봉투를 건네기 위해서였다. 무대 반대편에서 한 사람이 발표자에게 봉투를 건네면 브라이언이나 마사는 자신이 갖고 있던 봉투 사본을 폐기했다. 잘못될 만한 일은 하나도 없었다.

하지만 2017년 오스카 시상식에서는 오랜 역사상 가장 당혹스러운 순간이 나왔다. 마사는 여우주연상 수상자인 〈라라랜드La La Land〉의 엠마 스톤Emma Stone 이름이 든 봉투를 발표자에게 건넸다. 다음 발표될 상은 이날의 가장 중요한 상인 작품상이었다. 하지만 브라이언은 발표자인 워런 비티Warren Beatty와 페이 더너웨이Faye Dunaway에게 잘못된 봉투를 주었다. 브라이언은 바로 전에 시상한 여우주연상 봉투를 폐기하는 것을 깜박

잊고 그 봉투를 그대로 워런 비티에게 건넨 것이다. 워런 비티는 무대에서 봉투를 열고 '〈라라랜드〉의 엠마 스톤'이라고 적힌 카드를 보고 잠시 당황했지만 빨리 수상작을 발표하려는 페이더너웨이에게 그대로 봉투를 넘겼다. 작품상 발표를 맡은 더너웨이는 카드에 적힌 영화 제목 〈라라랜드〉를 호명했지만 바로 위에 적힌 엠마 스톤의 이름은 알아채지 못했다.

곧 실수가 밝혀졌지만 〈라라랜드〉 제작진은 이미 수상 소감을 발표하느라 정신이 없었다. 잘못된 봉투가 건네졌을 때 대처할 비상 대책은 없었기 때문에 실수를 바로잡을 때까지 시간은 계속 늘어졌다. 브라이언은 심지어 시상식 전 《허핑턴 포스트 *Huffington Post*》와의 인터뷰에서 무언가 잘못될 가능성은 극히 적기 때문에 그런 일에는 대비할 필요도 없다고 장담하기까지 했다. 결국 마사와 브라이언이 무대로 뛰어나가 이 난장판을 수습하고 관객들에게 실수가 있었다고 알려야 했고, 작품상은 원래대로 〈문라이트Moonlight〉에 돌아갔다.

어떻게 이런 일이 일어날 수 있을까? 물론 수많은 가능성이 있지만 특히 한 가지 사실이 눈에 띈다. 브라이언은 열렬한 트위터 사용자였다. 시상식을 앞둔 몇 달 동안 브라이언은 시상식을 얼마나 고대하고 있는지, 시상식 절차 안팎에서 무슨 일이 일어나고 있는지 자주 트윗을 올렸다. 그리고 문제의 그날 밤에도 여우주연상을 수상한 엠마 스톤과 무대 뒤에서 찍은 사진을 포함해 많은 트윗을 올렸다. 나중에 그 트윗을 삭제하기는 했지만, 그 사진이 엠마 스톤의 수상 직후 브라이언이 무대 뒤에서 함께 찍고 올린 사진이라는 사실을 모두가 알아버린 후였다. 여우주연상 수상자 이름이 담긴 봉투를 폐기하고 발표자가 브라이언 쪽에서 무대에 올라갈 때를 대비해 다음 상황을 준비하고 있어야 하는 바로 그 순간에 말이다. 발표자가 브라이언 쪽에서 무대로 올라간 것은 브라이언과 그날 상황을 지켜본 모든 사람에게 안타까운 운명의 장난이었다. 사실 이 전체 상황은 프라이스워터하우스쿠퍼스가 비난을 감수해야 할 일이었기 때문에 아카데미 측의 실수라고만 볼 수는 없었다. 며칠 후 프라이스워터하우스쿠퍼스는 사건에 대한 모든 책임을 인정하는 입장을 발표했다.

브라이언이 맡은 일은 그다지 어려워 보이지 않지만, 자동조종으로 할 수 있는 일도 아니다. 봉투를 관리하려면 작업 기억을 이용해야 하므로, 이 과제를 트윗 올리기 같은 다른 과제와 같이 하려면 작업 기억은 두 과제를 동시에 수행해야 한다. 여기에 문제가 있다. 뇌는 작업 기억을 이용하는 두 가지 과제를 동시에 할 수 없다. 따라서 동시에 여러 가지 일을 문제없이 할 수 있다고 믿는다면, 당신은 멀티태스킹이라는 환상을 믿는 희생자가 될 가능성이 크다. 실은 두 과제를 매우 빠르게 전환해 두 과제를 동시에 하는 '것처럼 보일' 뿐이다. 실제로 동시에 두 과제를 하는 것은 아니다. 뇌에서도 이런 현상을 관찰할 수 있다. 두 과제를 실행하는 뇌의 양쪽 반구는 동시에 활성화되지 않고 번갈아 가며 활성화된다. 뇌가 두 과제 사이를 계속 왔다 갔다 하며 전환한다는 의미다. 따라서 멀티태스킹은 정확히 말하면 두 과제의 결합이 아니라 두 과제 사이의 전환이다.

하지만 과제 전환이 정말 그렇게 쉬운가? 부정적인 영향을 받지 않고도 과제 전환을 할 수 있을까? 핸드폰을 들어 엠마 스톤과 사진을 찍고 트위터에 올리지 않았어도 브라이언은 같은 실수를 했을까? 이 질문에 답하려면 '과제 전환task switching'에 관한 실험을 살펴보아야 한다. 실험 심리학은 특정 연구 영역에 관심을 가진 다양한 분야의 연구자로 이루어진 광범위한 연구 분야다. 각 분야의 연구자는 회의를 조직하고 각 분야의 저널에 논문을 발표한다. 이 중에는 과제 전환 연구에 몰두하는 연구자도 있다. 과제 전환은 뇌가 주변 세상과 얼마나 유연하게 상호 작용하는지에 대해 많은 사실을 알려주기 때문에 연구할 만한 가치가 있다. 우리는 상황에 따라 끊임없이 여러 가지 일을 해야 한다. 어느 플랫폼에서 열차를 타야 할지 두리번거리며 승차권을 찾기 위해 지갑을 뒤적이고 열차를 잡으러 달리면서도 다른 사람들과 부딪히지 않도록 신경 써야 한다.

실험실에서는 좀 더 추상적인 과제를 이용해 과제 전환을 연구하지만 기본 원리는 같다. '숫자-문자 과제number-letter task'가 한 가지 예다. 이 실험 참가자는 숫자 분류와 문자 분류라는 두 과제를 전환해야 한다. 과제를 시작하기 전 참가자에게 '숫자' 또는 '문자'라는 단어를 보여준 다음 숫자와 문자가 조합된 글자(예를 들어 2B나 N3)를 화면에 띄운다. '숫자' 과제라면 참가자는 이 숫자가 홀수인지 짝수인지 최대한 빨리 말하고, '문자' 과제라면 이 문자가 모음인지 자음인지 말해야 한다. 과제를 전환(처음에는 문자 과제, 다음에는 숫자 과제)하거나 반복(연속해서 숫자 과제)하기도 한다.

전 세계 과학자들은 이런 실험에서 계속해서 같은 결과를 발견했다. 참가자들은 평균적으로 과제를 반복할 때보다 과제를 전환할 때 숫자-문자 조합에 더 늦게 반응했다. 광범위한 영향을 미칠 수 있는 결과다. 게다가 작업 기억을 사용하는 과제 사이를 전환할 때는 항상 반응 시간과 오류의 수가 늘어나는 비용이 추가된다. 과제를 전환하면 각 과제를 완료하는 데 시간(또는 '주의전환 비용switch costs')이 더 들고, 하나의 과제에 집중할 때보다 실수를 더 많이 한다. 1장에서 우리는 자동으로 이루어지지 않고 주의집중이 필요한 과제는 모두 작업 기억에 의지한다는 사실을 살펴보았다. 과제의 난이도에 따라 작업 기억에 의지하는 정도는 달라진다. 똑같이 작업 기억을 이용해도 복잡한 과제를 할 때는 간단한 과제를 할 때보다 주의전환 비용이 더 든다. 비교적 깨끗한 방을 정리할 때보다 지저분한 방을 정리하는 데 시간이 훨씬 많이 걸리는 것과 같다.

다음에 어떤 과제를 할지 미리 알려주면 주의전환 비용이 적게 드는 이유도 마찬가지다. 이렇게 하면 참가자는 작업 기억을 비우고 다음 과제를 하기 전 미리 준비할 수 있다. 한 실험에서는 참가자에게 어려운 직소 퍼즐을 시키고 중간에 중단한 다음 쉬운 과제로 전환하게 했다. 그러자 어려운 직소 퍼즐을 다 끝내고 작업 기억을 '정리'한 다음 쉬운 과제를 했을 때보다 쉬운 과제의 수행도가 상당히 낮아졌다. 스스로 과제를 전환할 때보다 외부에서 방해받으면 더 걸림돌이 되는 이유다. 과제 도중 방해받으면 작업 기억을 완전히 비우지 못해 남은 과제가 작업 기억에 그대로 남는다. 다음 과제까지 끌고 가는 남은 부분이

클수록 주의전환 비용은 더 커진다.

재미있게도 과제 전환 능력에 남녀 간 차이가 있다는 결과를 보인 과학적 연구는 없다. 하지만 정교한 과학적 분석이 있음에도 여성이 남성보다 멀티태스킹을 잘한다는 신화는 남아 있다. 이런 주장을 뒷받침할 증거는 없다. 하지만 다른 사람보다 과제 전환을 잘하는 사람은 있다. 성별과 관계없이 이런 사람은 과제 전환을 하는 데 시간과 노력이 덜 든다.

미디어 사용과 멀티태스킹

공부하거나 일에 집중해야 할 때 항상 이메일을 확인하거나 인터넷 검색을 하는 사람들이 있다(당신도 그들 중 하나일 수도 있다). 우리 중 95퍼센트는 평균 하루 3분의 1을 텔레비전을 보면서 스마트폰으로 페이스북을 확인하는 동시에 태블릿으로 트위터에서 눈을 떼지 않는 등 다양한 (소셜) 미디어를 동시에 확인하며 보낸다. 스탠퍼드대학교 연구자들은 스마트폰이나 노트북으로 다양한 미디어를 많이 사용하는 사람은 미디어를 적게 사용하는 사람보다 주의전환 비용이 더 많이 든다는 사실을 발견했다. 멀티미디어 사용 수준으로 뇌가 과제 전환을 얼마나 효율적으로 할 수 있는지 예측할 수 있다. 미디어를 많이 사용하는 사람은 과제 전환에만 어려움을 겪는 것은 아니다. 이들은 유입되는 정보에 더 쉽게 주의를 빼앗기고 특정 글자를 기억하는 등의 기억 과제에서도 낮은 점수를 받았다.

얼핏 보면 매우 뜻밖의 결과다. 우리가 멀티태스킹에 많은 시간을 보낸다는 점을 고려하면 뇌가 끊임없는 과제 전환을 더 잘하게 되어야 한다고 생각하는 것도 무리는 아니다. 하지만 이는 사실이 아니다. 사실 우리는 멀티태스킹 능력을 과대평가하는 경향이 있다. 여러 실험에 따르면, 참가자들은 자신의 멀티태스킹 능력과 이에 따른 수행도를 측정하는 데 매우 서투르다. 젊은이들은 보통 여섯 개에서 일곱 개의 미디어를 동시에 사용할 수 있다고 여기지만 사실 나이에 상관없이 그런 일은 그야말로 불가능하다.

멀티태스킹이 집중력에 좋지 않은 것은 분명하지만 꼭 영구적으로 집중력에 손상을 일으키지는 않는다. 멀티태스킹을 많이 하는 미디어 사용자를 연구한 결과를 바탕으로 과제를 너무 자주 전환하면 뇌에 좋지 않고 효율도 떨어진다고 결론지을 수도 있지만, 꼭 그렇지 않을 수도 있다. 멀티미디어를 많이 사용한다고 뇌가 영구적으로 영향을 받는 것은 결코 아니다. 다른 방향으로 볼 수도 있다. 뇌 효율이 높지 않은 사람일수록 동시에 여러 미디어를 사용할 가능성이 크다는 것이다. 즉, 쉽게 산만해지는 사람은 동시에 여러 미디어를 사용하는 경향이 크다.

깊게 생각할수록 이는 더욱 사실로 보인다. 산만함을 무시하기 어렵다면 자동으로 멀티태스킹에 이끌릴 가능성이 크다. 스마트폰 알람이나 그저 옆에 있는 태블릿도 끊임없는 자극 요인이 되어 우리의 관심을 끌고 무엇을 하든 산만하게 만든다. 이런 현상은 뇌 효율이 낮은 사람에게 더 쉽게 일어난다. 멀티미디어 사용이 는다고 우리에게 영구적으로 부정적인 영향을 준다는 증거는 없지만, 멀티태스킹 기회가 늘어나면 뇌 효율이 낮은 사람에게는 큰 문제가 될 수 있다는 사실은 분명하다.

사무실에서 멀티태스킹하기

직장에서 얼마나 자주 여러 가지 일을 동시에 하는가? 연구에 따르면 대부분의 사람은 멀티태스킹을 한다. 물론 어떤 일을 하는지에 따라 다르지만 특정 직업, 특히 공동 사무 공간에서 일하는 사람은 멀티태스킹을 자주 한다는 매우 정확한 결과가 있다. 공동 사무 공간에서는 개인 사무실에서 혼자 일할 때보다 일하는 도중 주의가 분산될 기회가 훨씬 많다. 과제 전환은 흔히 다른 사람에게 방해받을 때 일어나는 경우가 많기 때문이다.

2005년, 연구자들은 재무 분석가나 소프트웨어 개발자 같은 일반 사무직 직원들을 관찰하는 연구를 수행했다. 연구자들은 스톱워치와 메모지를 이용해 근무일 동안 직원들의 행동과 활동을 추적했다. 해당 직원들은 모두 다양한 프로젝트를 동시에 수행하고 있어서 동시에 여러 가지 일을 해야 하는 경우가 많았다. 700시간의 근무 시간을 관찰한 결과 직원들은 평균 11분마다 방해받았고, 그 결과 다른 과제로 주의를 돌렸다. 방해 요인에는 전화 응답, 동료의 질문, 이메일 수신이 있었다. 방해 요인이 원래 하던 일과 직접 관련이 없으면 하던 일로 돌아가는 데 25분이 걸렸다.

모든 과제 전환이 외부의 방해 때문에 일어나지는 않았다. 직원 스스로 과제를 전환하기도 했다. 후속 면담에서 직원들은 스스로 하고 싶어서가 아니라 수행하는 프로젝트마다 우선순위가 달라서 어쩔 수 없이 과제를 전환해야 한다고 느꼈다고 말했다. 직원들이 단일 프로젝트를 오랫동안 하는 대신 여러 프로젝트를 넘나들며 최소한만 하게 된다는 의미다. 직원들은 주어진 순간에 자신이 참여한 프로젝트에서 가장 중요한 과제가 무엇인지 끊임없이 확인해야 했다.

과제를 전환하는 또 다른 이유는 집중력 부족이다. 직원들은 한 가지 일을 오래 하기 어려워했고 10분만 지나도 전화를 걸거나 이메일을 확인했다. 호주의 한 통신회사가 실시한 연구에 따르면, 직원 대부분이 한 가지 일을 방해받지 않고 하는 시간은 10분 미만, 평균 3분으로 매우 낮았다. 다시 말하면, 대부분의 과제 전환이 외부 간섭 때문에 일어나는 것은 아니었다. 보고된 86번의 과제 전환 중 65번은 사실 직원 스스로 시작한 것이었다. 대부분의 과제 전환은 의사소통과 관련 있었다. 직원들은 아무런 알람도 오지 않았는데도 그저 새로운 메시지가 있는지 확인하기도 했다. 순전히 습관 때문이다. 중독이라고 할 수 있을 정도다. 받은 편지함에 새로운 이메일이 왔는지 잠깐만 들여다볼까?

새로운 메일이 들어오면 직원들은 보통 즉시 답장했고, 특히 핸드폰 메시지에는 더욱 그런 경향이 컸다. 특히 제록스Xerox 사의 한 사무실에서는 평균 반응 시간이 1분 44초 미만이었고, 이 중 70퍼센트가 6초 미만이었다. 거의 한 문장도 완성할 수 없는 속도다. 전화가 울릴 때 금방 받지 않으면 상대방이 '끊을까 봐' 걱정하며 전화벨에 반응하는 것처럼, 우리는 수신되는 메시지에 같은 식으로 반응한다. 제록스 사무실의 사례처럼 직원들은 메시지에 답장하면서 잠시 휴식을 취할 때처럼 다른 통신 수단이나 미디어를 열기도 하는데, 애초에 메시지를 받지 않았다면 하지 않았을 행동이다. 그러고 나서 원래 하던 일로 돌아가는 데는 평균 68초가 걸렸다. 전화를 받을 때보다는 확실히 빨랐다. 그래도 한 번 방해받으면 정확히 무엇을 하고 있었는지 기억해 내고 다시 과제로 돌아갈 작업 기억을 확보하는 데는 시간이 약간 걸린다.

앞서 살펴본 호주 회사처럼 직원들이 한 가지 프로젝트를 방해받지 않고 하는 시간이 평균 10분도 되지 않는다는 점을 볼 때, 우리는 다음과 같이 질문해야 한다. 그 시간이 정말 무언가에 완전히 몰입하기에 충분한 시간일까? 과제를 자주 전환하면 무슨 일을 하던 일의 핵심에 다가가지 못하므로 피상적으로 하게 된다. 물론 모든 일에 고도의 집중력이 필요하지는 않으므로, 과제의 종류에 따라 크게 다르기는 하다. 하지만 문제는 흐트러지지 않은 주의력이 필요한 상황에서도 같은 행동을 보이는지, 그리고 주의력이 필요한 상황과 그렇지 않은 상황을 구분할 수 있는지다. 상사가 직원들에게 메시지에 즉각 답장하라고 독촉하거나, 회사에서 직원들에게 컴퓨터 채팅창을 항상 열어두도록 하고 남들보다 일찍 반응하면 빠르고 열심히 일한다고 칭찬한다고 치자. 하지만 정말 이런 직원이 중요한 해결책을 제시하고 회사에 크게 이바지하는지 생각해 볼 필요가 있다. 중요한 발견은 산만하지 않고 고도의 집중력을 발휘할 수 있는 혼자만의 방에서 만들어진 경우가 많고 지금도 그렇다.

멀티태스킹에 긍정적인 면도 있는지 알아보기 위해 자주 과제 전환을 하는 직원들의 생산성과 느낌을 살펴본 연구들도 있다. 연구 결과, 흥미롭게도 직원들이 과제를 전환한다고 각 과제에 더 많은 시간을 쓰는 것은 아니지만 스트레스와 불만이 쌓이고, 업무가 과도하다고 느낀다는 사실이 밝혀졌다. 계속 방해를 견뎌야 할 때 급하게 일하고 쉽게 짜증을 낸다는 사실을 보면 이런 현상은 익숙할 것이다. 학생들이 나를 만나러 왔을 때 내가 어떤 말투로 대답하는지 보면 지난 한 시간 동안 누군가 얼마나 자주 내 사무실 문을 두드렸는지 알 수 있을 것이다. 질문을 하려고 들른 학생에게 짜증을 내려는 의도는 전혀 없지만 결국 그런 일이 일어난다. 특히 중요한 논문을 마무리하고 있을 때는 더욱 그렇다. 그러고 나면 잃어버린 시간을 만회하려고 너무 서두른 나머지 분명 좋지 않은 논문이 나온다.

자주 방해받으면 다른 작업 전략을 취하고 성급하고 비효율적으로 일하게 된다. 연구 결과, 과제 전환을 하면 코르티솔과 아드레날린 같은 스트레스 호르몬이 분비된다는 사실이 확인되었다. 물론 스트레스 호르몬은 생명을 위협하는 상황에서는 매우 유용하지만 일반적인 업무 상황에서는 거의 도움이 되지 않는다. 스트레스 호르몬이 분비되면 공격적인 행동으로 이어질 수 있다는 사실은 잘 알려져 있고, 스트레스가 건강에 좋지 않은 영향을 미친다는 책은 수없이 많다. 게다가 끊임없이 과제를 전환하면 사무실 분위기에도 좋지 않다. 직장에서 온종일 방해를 참아야 한다면 어떤 기분이 들겠는가? 체내에서 스트레스 호르몬이 오랫동안 분비되면 극심한 피로를 초래하므로, 온종일 일을 했다 멈췄다 하면 완전히 진이 빠지는 것도 당연하다.

주의력 연구의 관점에서 보면 넓은 공유 사무 공간은, 부드럽게 표현하자면 조금 괴상한 아이디어다. 수년간의 연구로 볼 때 뇌는 산만함에 매우 취약하다. 주변에서 전화벨 소리를 들을 때마다 주의력이 끌려가고 뇌는 산만해진다. 그런데도 회사들은 여전히 직원들을 공동 사무실에 밀어 넣고 있다. 같은 공간을 공유하면 협동심이 늘고 시설비가 절감되는 것은 사실이다. 하지만 문제는 이런 이점이 동료와의 대화나 움직임 때문에 끊임없이 업무가 방해받는 비용을 상쇄할 수 있는지다. 결국 우리가 무엇을 하든 산만함을 유발하는 요소는 모두 주의를 끌고 결국 과제를 전환하게 만든다.

멀티태스킹과 학습

우리 뇌는 나이가 들어도 배우도록 설계되어 있다. 정확하게 이루어지는 모든 동작은 그 행동에 관여하는 뉴런 사이의 경로를 강화한다. 반대로 사용하지 않고 남은 경로는 시간이 지나며 약화한다. 이런 과정을 거치며 뇌는 일상적인 과제를 더욱 효율적으로 하게 된다. 정보 기억도 마찬가지다. 연관된 경로가 강화될수록 연산 같은 과제를 더 잘하게 된다. 학습하려면 배우고 싶은 것이 무엇이든 완전히 집중해야 한다. 한 번에 여러 과제를 하면 학습 능력이 저하된다. 멀티태스킹을 하면서도 배울 수는 있지만, 먼저 수집한 정보를 나중에 원하는 만큼 효율적으로 사용할 수는 없으므로 이런 학습 방법의 이점은 오래 가지 못한다. 사실 멀티태스킹하며 학습할 때는 한 가지 과제를 할 때와 다른 여러 뇌 영역을 사용해야 한다.

한 연구에서는 시험 참가자에게 여러 카드 세트를 두 그룹으로 나누도록 했다. 참가자는 카드 분류에 어떤 규칙이 적용되는지 배웠다. 어떤 카드 세트의 규칙을 배울 때는 산만하게 하지 않았지만, 다른 세트의 규칙을 배울 때는 헤드폰에서 나오는 높은음과 낮은음을 듣고 높은음이 몇 번 들렸는지 기억하도록 했다. 이렇게 주의를 분산시켜도 규칙을 배울 때는 참가자가 부정적인 영향을 받지 않았지만, 나중에 규칙을 기억하기는 훨씬 어려워했다. 이어 같은 카드 세트로 과제를 시키자 참가자는 여러 음을 들으며 배운 규칙은 잘 기억하지 못했다.

연구자들은 학습할 때 어떤 뇌 영역이 활성화되는지 MRI 스캐너를 이용해 확인했다. 카드 규칙을 배울 때 산만하지 않은 상황에서는 뇌의 해마가 활성화되었다. 해마는 정보를 처리하고 기억하며 장기 기억에서 정보를 가져오는 데 중요한 역할을 하는 뇌 영역이다. 옛 동창의 이름을 작업 기억에 가져올 때는 해마가 장기 기억에서 (바라건대) 올바른 이름을 꺼내온다. 앞선 실험에서 참가자가 여러 음을 들으며 학습할 때(즉, 멀티태스킹할 때)는 해마가 훨씬 덜 활성화되거나 전혀 활성화되지 않았다. 새로운 정보가 저장되지 않고 나중에도 찾아올 수 없다는 의미다.

이런 연구 결과가 과학계의 대표적인 출판물 중 하나인 《미국 국립과학원회보*Proceedings of the National Academy of Sciences*》 등 높이 인정받는 과학 학술지에 자주 게재된다는 점을 지적할 필요가 있다. 이런 중요한 학술지가 앞서 언급한 연구 결과를 발표하는 것은 학습이라는 개념의 중요성과 큰 관련이 있다. 만약 멀티태스킹이 실제로 학습 능력에 부정적인 영향을 준다면 아이들의 교육 방법에 큰 영향을 미칠 것이다. 학생들의 주의력이 끊임없이 이 과제 저 과제로 옮겨간다면 교육은 타격을 입을 수밖에 없다. 관찰 연구에 따르면, 학생들이 집에서 공부할 때는 방해받지 않고 한 가지 과제에 집중하는 시간이 아주 짧았다. 중요한 텍스트를 공부해야 한다고 말해도 학생들은 과제에 3분에서 5분 이상 집중하지 못했다. 소셜 미디어와 채팅 메시지가 주의를 분산하는 주된 요소였다는 점은 놀랍지 않다. 게다가 공부 중 소셜 미디어의 사용량과 학업 수행도 사이에는 강한 상관관계가 있었다. 소셜 미디어 사용량이 많을수록 학업 수행도는 떨어진다.

멀티태스킹이 우리를 바보로 만들까?

최근 런던대학교의 글렌 윌슨Glenn Wilson이 실시하고 자주 인용된 연구를 보면 멀티태스킹이 우리를 바보로 만든다고 생각할 수 있지만, 사실 그런 관점은 지나치게 단순하다. 윌슨의 연구는 대니얼 J. 레비틴Daniel J. Levitin의 영향력 있는 책 《정리하는 뇌》(와이즈베리, 2015)처럼 뉴미디어가 인지 기능에 미치는 영향과 멀티태스킹을 다룬 여러 책에서 인용된다. 윌슨은 멀티태스킹을 한다는 가능성만으로도 IQ가 10점이나 낮아지기에 충분하다고 주장한다. 이를 새로운 현상인 '인포마니아 informania'와 연결해 멀티태스킹이 마리화나를 피울 때보다 IQ에 더 해롭다고 주장하기까지 한다. IQ가 10점 떨어진다는 것이 어떤 의미인지는 누구나 쉽게 상상할 수 있으므로 이 연구는 과학계에 상당히 널리 퍼졌다.

하지만 여러 블로그에서는 많은 시간과 노력을 들여 윌슨의 연구가 지닌 가치에 의문을 제기한다. 무엇보다 그의 연구는 휴렛팩커드Hewlett-Packard 사의 지원을 받았고 훌륭한 과학 저널에 게재된 적이 없다. 저널에 게재된 적이 없다는 사실은 그리 놀랍지 않다. 연구의 기초가 상당히 부실하기 때문이다. 시험군도 충분하지 않았고 (고작 여덟 명뿐이다!), 멀티태스킹의 가능성과 단순한 주의 산만을 자주 혼동했다. IQ 점수가 낮아졌다고 보고된 상황은 전화와 이메일을 많이 받은 한 건뿐이었다. 이런 자극은 사람을 산만하게 만들지만 멀티태스킹을 유발하는 상황과 똑같지는 않다. 관련 없는 소리나 시각적 자극이 너무 많으면 수행도에 좋지 않다는 사실은 누구나 안다. 윌슨도 자신의 연구가 너무 많은 언론의 관심을 받아 깜짝 놀랐다. 처음에는 자신이 과학자로서 꽤 괜찮게 안착했다고 생각했지만, 윌슨이 그 사실을 깨닫기도 전에 어느새 언론과 여러 대중 과학 서적은 그의 아이디어를 입맛에 맞게 이용했다. 결국 윌슨은 자신의 웹사이트에서 이 연구를 삭제한 다음, 언론이 연구 결과를 어떻게 잘못 해석했는지 설명하고 대신 자신은 이 주제를 더는 연구하지 않는다는 짧은 글을 올렸다. 그러므로 오늘날 우리는 단지 멀티태스킹할 수 있다는 가능성 때문에 IQ가 10점이나 떨어지지는 않는다고 문제없이 결론 내릴 수 있다.

멀티태스킹과 공부

안타깝게도 인생의 모든 것이 넷플릭스Netflix처럼 재미있지는 않다. 교재가 지루하고 복잡하면 학생들은 오랜 시간 집중하기 어려워한다. 교실이나 강의실에서 스마트폰과 소셜 미디어를 사용하면서 이런 현상은 더욱 악화했다. 인터넷 때문에 현대 학생들이 산만해질 가능성이 폭발적으로 늘어났기 때문이다. 멜버른대학교의 테리 저드Terry Judd는 다른 사람의 간섭 없이 스스로 공부하라는 지시를 받은 학생 1,249명이 수행한 3,372개의 컴퓨터 과제를 분석했다. 거의 모든 경우(99퍼센트)에서 학생들은 멀티태스킹을 하는 명백한 신호를 보였다. 공부 시간이 대부분이기는 했지만, 전체 과제 시간 중 44퍼센트가량 페이스북에 로그인했고 9.2퍼센트라는 상당한 시간 동안 페이스북을 사용했다. 페이스북을 열어본 학생들은 방해받지 않고 한 가지 과제에 몰두한 시간이 적고 과제 전환하는 경향이 컸다.

다른 연구에서 학생들은 한 가지 학습 과제에 평균 단 6분 집중했다. 여기에도 그럴 만한 이유가 있다. 학생들에게 28일간 미디어 사용을 기록하고 정기적으로 만족도를 보고하게 한 연구 결과가 증거가 된다. 연구 결과, 학생들은 공부할 때 미디어에 접속하지 못하는 경우보다 다양한 미디어를 찾아볼 수 있는 경우를 더 선호했다. 공부할 때 텔레비전을 볼 수 있던 학생은 그렇지 않은 학생보다 시간 활용 방식에 더 만족했다. 공부 시간 동안의 성취도는 처음 기대보다 덜했지만 공부에 대한 감정은 여전히 좋았다. 기본적으로 학생들은 텔레비전이 켜져 있을 때 공부를 더 즐겁게 여겼다.

연구자들은 32명의 학생들에게 4주 동안 기기를 착용하고 하루 세 번 활동을 기록하게 했다. 멀티태스킹을 하는지 아닌지 기록하고, 멀티태스킹을 한다면 어떤 미디어를 사용했는지 나타내는 기기였다. 이 연구에서도 마찬가지로 참가자가 공부 시간 동안 의도했던 만큼의 성취도를 달성하지는 못해도 미디어를 사용하면 시간을 보낸 방식에 더 만족한다는 사실이 밝혀졌다. 여러 미디어가 있다고 꼭 멀티태스킹을 하게 되지는 않지만, 멀티태스킹을 한다는 생각만으로도 심리적 욕구를 만족시킬 수 있다.

효율적인 공부와 소셜 미디어 사용 간의 상관관계를 어떻게 해석할까? 소셜 미디어가 있으면 정말 점수가 나빠질까? 숙제할 때 채팅이 학생들의 집중도에 미치는 영향을 살펴본 2007년 연구를 보자. 과학자들은 온라인 채팅이 널리 퍼지면서 학생들이 점점 더 멀티태스킹하게 되고, 결과적으로 공부에 덜 집중하게 되리라 예측했다. 채팅이 공부 결과에 미치는 영향을 파악하기 위해 연구자들은 학생들에게 설문지를 나눠주고 얼마나 채팅을 하는지, 자신이 얼마나 공부에 집중할 수 있다고 생각하는지 질문했다. 결과는 명확했다. 공부하면서 온라인 채팅을 많이 하는 학생은 집중하기 어려워했고, 자유 시간에 책을 읽는 경향이 강하고 채팅은 덜 하는 학생은 집중을 더 잘했다.

이 상관관계를 바탕으로 온라인 채팅이 공부하는 동안 집중력을 떨어뜨린다고 결론 내리고 싶은 유혹이 상당히 크다. 강의 시간에 학생들이 보낸 문자 메시지 수와 학기 말 성적의 상관관계를 보여주는 연구와 마찬가지로, 전반적인 멀티태스킹과 학생들의 평균 성적의 상관관계를 살펴본 연구에서도 같은 결론을 내리고 싶어진다. 이 책의 후반부에서 위와 같은 사례를 아주 많이 볼 수 있고 관련 문헌에도 비슷한 사례가 수없이 많다. 페이스북, 왓츠앱WhatsApp, 트위터 등 떠올릴 수 있는 모든 미디어와 집중력에 미치는 영향의 상관관계가 밝혀져 있다. 이 주제에 대해 내가 만난 가장 눈에 띄는 제목은 다음과 같다. "그렇게 하면 A 학점은 무리No A 4 U."

하지만 이런 연구의 문제점은 모두 동일한 방법으로 상관관계를 기초로 결론을 내린다는 점이다. 연구자들은 설문지를 이용하거나 좀 더 정확한 결과를 위해 컴퓨터 사용 이력을 살펴보고 저장해 미디어 사용량을 측정한 다음, 특정 과제에 대한 참가자의 수행도를 측정하고 이 둘을 비교했다. 이를 바탕으로 연구자들은 부정적인 상관관계를 설정했다. 미디어 사용량이 많을수록 멀티태스킹을 많이 하고 수행도는 낮아진다는 것이다. 하지만 한쪽이 다른 쪽의 원인이라고 단정할 수는 없다. 상관관계는 인과관계가 아니다. 학생들의 수행도가 낮아진 원인이 과도한 미디어 사용이라고 결론 내리고 싶겠지만, 이런 결론만 내릴 수 있는 것은 아니다. 반대의 결론도 가능하다. 성적이 나쁘면 미디어 사용량이 는다고 결론 내릴 수도 있는 것이다. 똑같은 데이터를 사용해도 완전히 다른 가설을 만들 수 있다.

심지어 또 다른 가설도 있을 수 있다. 상관관계를 넘어 사람의 정신적 능력 같은 것이 관련된다고 볼 수도 있다. 이런 가설은 어떤 사람이 여러 미디어 때문에 쉽게 산만해지는 이유를 잘 설명해준다. 어떤 사람은 다른 사람보다 집중력이 떨어져서 오늘날의 미디어의 영향을 받아 더 산만해진다. 백여 년 전에도 그런 사람들이 있었겠지만, 그때는 그저 공부하다 쉬면서 공을 차는 데 정신이 팔리거나 잠시 허공을 보며 멍하니 앉아 있는 정도였을 것이다. 성적이 나쁜 것이 단순히 미디어를 많이 사용하기 때문이라고 주장할 수는 없다. 성적이 나쁜 것과 미디어를 많이 사용하는 것이 매우 흔하게 함께 발생한다고 말할 수 있을 뿐이다.

몇몇 영양학 연구 결과를 바탕으로 특정 음식과 질병에 인과관계가 있다는 결론을 내릴 수 없는 이유도 비슷하다. 어떤 생선에서 나오는 특정 기름을 섭취하면 어떤 질병에 걸릴 확률이 낮아지는 상관관계가 있을 수 있지만, 그 생선을 먹는다고 자동으로 그 병에 걸릴 확률이 낮아진다는 의미는 아니다. 물론 생선 섭취는 보통 규칙적인 운동처럼 건강한 생활 습관의 일부이기는 하다. 하지만 여기에서 중요한 점은 생선 기름이 아니라 건강한 생활 습관이다.

여러 방법으로 분석의 방해 요인을 바로잡을 수 있지만, 이런 분석에서 어느 부분을 바로잡아야 하는지 항상 명확하지는 않다. 또 다른 흥미로운 점은 이런 발견을 설명하는 과학 논문에서는 대부분 인과관계가 명확하게 드러나지는 않지만, 연구 결과를 보도하는 언론에서는 인과관계가 확실한 것처럼 언급된다는 사실이다. 상관관계에 대한 짧은 강의를 끝내기 전에 네덜란드의 한 웹사이트에서 찾은 2004년 10월 28일자 기사 하나를 공유하겠다. 이 기사에서는 오류를 쉽게 발견할 수 있지만, 여기에서 내가 이 기사를 제시하는 이유는 당신이 다음에 어떤 음식의 이점과 건강에 관한 기사나 페이스북이 행복에 미치는 영향을 다룬 기사를 볼 때도 이 기사를 떠올렸으면 하기 때문이다.

치아가 없는 사람은 기억력이 나쁘다

(스톡홀름) 치과 의사는 치아를 뽑을 때 환자의 기억력 일부를 뽑을 수도 있다. 지난 금요일 스톡홀름에서 발표된 연구를 보자. 치과의사이자 심리학 강사인 얀 베르그달Jan Bergdahl은 1988년부터 현재까지 35세에서 90세 환자 1,962명을 추적 연구해 다음과 같이 밝혔다. "치아는 기억력에 분명 매우 중요하다." 이 연구에서는 원래 치아를 가지고 있는 참가자와 의치

를 한 참가자의 기억력을 비교했다.

베르그달에 따르면 "치아가 남아 있지 않으면 분명히 기억력도 나빠진다." 이 연구에서는 치아 하나를 뺐을 때 기억력에 미치는 영향은 언급하지 않았다. 연구자들을 연구를 더 진행해 치아 몇 개를 빼야 기억력에 영향을 미치기 시작하는지 밝힐 예정이다.

인과관계를 어떻게 수립할까? 이를 위한 유일한 방법은 실험적 연구 기술을 이용해 실험 참가자를 무작위로 여러 그룹으로 나누고 각 그룹을 서로 다른 실험 조건에 배정하는 것이다. 실험 참가자 그룹은 나이와 교육 수준 같은 가장 중요한 요소가 동등한 이들로 구성되어야 한다. 이렇게 하면 결과에 그룹 간 차이가 보일 때도 적용한 실험 조건에만 근거해 설명할 수 있다. 생선 기름 섭취가 특정 질병에 걸릴 확률에 미치는 영향을 알고 싶다면 다음과 같은 두 참가자 그룹을 설정해야 한다. 오랫동안 생선 기름을 섭취해 온 그룹(실험군)과 그렇지 않은 그룹(대조군)이다. 일정 기간이 끝나면 병에 걸린 참가자를 확인하고 그룹 간 환자의 비율을 비교한다. 이때 두 그룹 참가자의 생활 습관이 비슷하고 대조군은 생선 기름을 전혀, 또는 적어도 일정 량 이상은 섭취하지 않았다는 사실을 분명히 해야 한다. 물론 현실성과 비용을 고려하면 이런 실험을 수행하기는 거의 불가능하다. 신뢰할 만한 결과를 얻기까지 수십 년이 걸릴 수도 있다. 그렇지만 특정 물질이 사람에게 미치는 영향에 대해 확실한 결론을 도출할 방법은 이것뿐이다.

음식 연구의 경우에는 실현 가능성 측면에서 볼 때 상관관계 연구가 최선일 것이다. 하지만 미디어 사용이 공부 수행도에 미치는 영향 등을 조사할 때는 아직 비교적 그 수가 적고 기초적인 수준이지만 실험적 연구를 이용할 수 있다. 강의 중 학생들의 행동을 조사한 연구도 이 중 하나다. 학생들은 세 가지 강의를 듣고 강의에 대해 몇 가지 질문을 받았다. 연구자들은 학생들을 여러 그룹으로 나누었다. 대조군은 미디어를 전혀 사용할 수 없어 강의에만 집중해야 하고, 다른 실험군들은 강의 중 이메일이나 페이스북, 컴퓨터나 스마트폰 채팅 등 서로 다른 미디어를 사용했다. 이후 시험을 친 결과 모든 실험군이 대조군보다 실수를 더 많이 했다. 학생들은 배정된 미디어를 확인하는 과제와 강의에 주의력을 분산했고, 결과적으로 강의 일부를 놓쳤다. 비슷한 실험에서도 같은 결과가 나왔다. 산만하지 않은 학생은 실험군 학생보다 필기를 62퍼센트 많이 했고 필기 내용도 더 상세했다. 앞서 강의를 들을 때 필기의 유용성을 언급한 사실을 기억한다면 주의를 분산하지 않고 공부하는 것이 왜 훨씬 효율적인지 알 수 있을 것이다.

멀티태스킹이 반드시 나쁘지는 않다

젊은 사람들만 멀티태스킹을 좋아하는 것은 아니다. 최근 네덜란드 암스테르담대학교에서는 미디어 사용에 관한 대규모 연구를 통해 모든 연령대의 네덜란드 국민 3천 명 이상을 대상으로 다양한 미디어 사용 일지를 적도록 했다. 응답자들이 멀티태스킹한 평균 시간은 하루의 4분의 1로 큰 차이가 없었다. 하지만 세대마다 사용하는 미디어 유형에는 상당한 차이가 있었다. 젊은이들은 음악을 들으면서 온라인 활동(소셜 미디어나 영상 보기)을 동시에 하는 경향이 있었고, 나이가 든 사람들은 라디오를 듣거나 텔레비전을 보면서 동시에 이메일 답장을 하고 신문을 읽었다.

모든 멀티태스킹이 집중력에 나쁘지는 않다는 점을 지적해야겠다. 첫째, 우리는 항상 무언가를 배우거나 연구하지는 않는다. 라디오를 들으면서 평소보다 신문을 천천히 읽는다고 세상이 끝장나지도 않는다. 둘째, 다른 곳에서 오는 정보가 꼭 우리 주의를 끌지는 않는다. 우리는 계속 들어오는 정보 원천을 상당히 잘 무시할 수 있다. 라디오를 켜 놓아도 라디오에서 나오는 정보를 무시할 수 있으면 공부할 수 있다. 한 번은 사무실에서 라디오를 켜 놓았는데 우연히 친구가 방송에 나온 적이 있다. 실은 그 사실을 나중에 알았다. 당시에 나는 라디오 내용을 지나쳐 버렸기 때문이다. 쓰고 있던 논문에 완전히 집중한 나머지 라디오에는 전혀 관심을 기울이지 않았다.

무언가에 완전히 집중하고 싶을 때 우리는 언뜻 보면 직관과 반대되는 요령을 사용하기도 한다. 음악을 조금 더하는 것이다. 부모님은 내가 아주 좋아했던 유로댄스 히트곡을 들으며 어떻게 숙제를 할 수 있는지 의아해하셨다. 시험공부를 하면서 디제이 폴DJ Paul, 투언리미티드2Unlimited, 그리고 제일 좋아하는 카펠라Cappella를 들었던 기억이 난다. 지금도 나는 여전히 이 음악을 들으며 연구하고 글을 쓴다. 음악 취향이 그때보다 조금 더 세련되어졌다면 좋겠지만 말이다. 다음에 시내에 가면 유행하는 카페에서 학생이나 젊은이들이 모여 공부하거나 일하는 모습을 살펴보라. 대부분은 헤드폰을 쓰고 있을 것이다. 2012년 네덜란드에서 실시한 조사에 따르면 응답자의 80퍼센트는 매일 일하면서 음악을 듣는다고 응답했다.

언뜻 보면 헤드폰에서 나오는 음악은 산만함을 더 유발하고 무시해야 하는 자극을 더 많이 가져온다고 여겨질 수도 있다. 하지만 대부분의 사람들은 음악을 들을 때 더 집중해서 일할 수 있다고 말한다. 어떻게 이런 일이 가능할까? 우선 우리는 고도의 집중력을 무한히 유지할 수 없다. 더 오래 집중하려고 할 때마다 집중력은 흔들린다. 매우 복잡하거나 지루한 일을 할 때는 특히 그렇다. 이때 음악을 들으면 뇌에 새로운 자극을 주어 뇌가 정신을 바짝 차릴 수 있다. 최근 영국에서 실시한 조사에 따르면 외과 의사 10명 중 8명은 수술할 때 음악을 듣는다. 물론 어떤 음악을 듣느냐에 따라 다르다. 네덜란드 신문인 《NRC 한델스블라드*NRC Handelsblad*》와 인터뷰한 한 외과 의사는 클래식 음악은 '제대로' 듣고 싶어서 수술 중에는 클래식 음악을 절대 듣지 않는다고 말했다.

일하면서 음악을 듣는 것이 왜 도움이 되는지 설명해주는 중요한 요소가 있다. 사실 우리는 음악을 전혀 듣지 않는다. 외과 의사가 귀 기울여 음악을 들으려면 어느 정도 주의력이 필요하고 작업 기억을 사용해야 한다. 그러면 멀티태스킹을 하게 되고 그 결과는 우리도 잘 안다. 이런 현상은 우리가 들으려는 음악 종류에 영향을 준다. 일할 때 좋아하는 밴드의 새 앨범을 들으면 결과적으로 다른 일은 힘들어진다. 새로운 음악이나 집중해서 들어야 하는 음악보다 익숙하고 감미로운 음악을 들을 때 훨씬 효율적으로 일할 수 있다는 점은 말할 필요도 없다.

음악은 우리가 다음 장에서 살펴볼 개념인 '각성arousal'을 더 유발할 뿐 아니라 예상치 못한 소리에 쉽게 산만해지지 않게 돕는다. 폭넓고 다양한 소리로 꽉 찬 유명 카페에서 공부하는 학생들을 다시 떠올려 보자. 대화가 시작되거나 멈추고, 사람들이 문으로 드나들고, 커피 머신에서 커피를 갈고 따르는 소리가 웅웅 난다. 헤드폰을 쓰면 이런 자극을 모두 막고 덜 산만해지기 때문에 선택한 음악만 들을 수 있다. 집중력이 흐트러질 때 잠시 일을 멈추고 음악을 들으면 다시 집중할 수 있다. 넓은 공동 사무 공간에서 일하는 직원들이 흔히 이어폰을 쓰는 이유다. 물론 사무실 전체에 울리도록 스테레오로 음악을 틀어놓아 동료들을 불편하게 만들 수 없기 때문이기도 하다. 또한 음악 취향은 매우 개인적인 문제다. 나는 갑자기 카펠라의 음악이 몹시 필요해질 때면 음악을 튼다. 상상만 해도 행복하다.

이 장을 읽고 나면 당신은 우리가 진화적으로 결국 슈퍼 멀티태스커가 될 것이라는 생각을 받아들일 수도 있다. 사실 멀티태스킹을 할 때 나타나는 문제를 전혀 겪지 않는 사람도 이미 있다. 그렇다면 이들은 현대 사회를 견디는 인간의 뇌가 변화한다는 전조일까? 그렇다는 신호도 있지만, 아직은 훨씬 더 많은 연구가 이루어져야 한다. 어떤 연구에서는 참가자 200명 중 2퍼센트는 수학 방정식을 풀거나 단어 목록을 기억하는 동시에 아무 문제없이 가상 운전을 할 수 있다는 사실을 밝히기도 했다. 참가자의 98퍼센트는 두 과제에서 중대한 실수를 자주 저질렀지만 2퍼센트는 아무런 문제가 없었다. 물론 이 수치는 너무 작아서 이를 바탕으로 특정 참가자의 특성에 대해 결론을 내리기는 힘들다. 그저 만사가 잘 굴러가는 운 좋은 날이었을지도 모르고, 참가자가 이런 과제에 특별한 재능이 있어서 자동으로 수행했을지도 모른다(다른 과제에 대한 소질은 시험하지 않았다). 한 과제를 자동으로 수행할 수 있으면 사실 그 일에는 주의를 기울일 필요가 없고 대신 다른 일에 주의를 기울일 수 있다. 더 많은 연구가 필요한 주제지만, 우리 사회가 진화하는 방식이 멀티태스킹 능력에 변화를 가져올 수 있다고 생각하는 일은 흥미롭다. 하지만 진화는 매우 느린 과정이므로 이를 밝히기는 매우 어렵고 심지어 불가능할지도 모른다.

이 장에서 밝힌 연구 결과를 맥락 없이 끌어다 우리 사회의 어두운 미래를 예측하고 싶어질 수도 있다. 하지만 현대 사회의 산만함 때문에 우리가 더 멍청해졌다는 증거는 없다. 그렇지만 오랫동안 집중하고 싶을 때 멀티태스킹은 분명 문제가 된다. 소셜 미디어의 등장으로 우리는 더 많이 멀티태스킹할 기회를 얻었고, 아마 전보다 훨씬 더 멀티태스킹을 하고 있을 것이다. 하지만 우리는 아직 확고한 데이터를 얻지 못했고, 그때까지는 우리가 아는 것을 바탕으로 생각하며 우리 뇌의 한계도 염두에 두어야 한다. 다음에 멀티태스킹의 급증을 다룬 놀라운 기사를 읽게 되면 이 사실을 기억하자. 우리는 전보다 더 멀티태스킹하는 경향이 있지만, 멀티태스킹이 항상 문제가 되는 것은 아니다. 집중력이 어떻게 작동하는지 잘 알면 언제 동시에 여러 가지 일을 한꺼번에 할 수 있을지 현명하게 선택할 수 있다. 적어도 브라이언 컬리넌이 내년 오스카 시상식에서 똑같은 실수를 하지는 않을 것이다.

3

정보 전달자:
어떻게 타인의 집중력을 사로잡을 것인가

다음과 같은 모습을 상상해 보자. 당신은 빙상 경기장에서 자세를 잡고 출발 신호를 기다리고 있다. 관중들은 숨죽여 기다린다. 수백 시간의 훈련과 식이요법, 영양 식단, 마음의 준비는 모두 단 한순간, 단 하나의 열망을 위한 것이었다. 바로 올림픽 금메달이다. 심판이 외친다. "준비!" 침묵이 흐르고, 마침내 총소리가 탕! 울린다. 바로 지금이다.

이 출발 절차는 스피드 스케이팅뿐 아니라 육상이나 수영 같은 경기에도 적용된다. 하지만 이런 출발 절차가 얼마나 불공평한지 보여주는 과학 문헌이 많다는 점을 보면, 이런 출발 절차가 일반적이라는 사실은 조금 이상하다. 이제 경기 결과는 선수가 트랙을 한 바퀴 돌기도 전에 이미 어느 정도 결정된다는 사실이 알려졌기 때문이다. 이런 현상을 잘 이해하려면 '각성'이라는 개념을 먼저 살펴보아야 한다. 각성은 중추신경계와 자율신경계의 활성화 정도를 말한다. 다시 말해, 각성은 얼마나 기민한 상태인지 나타낸다. 졸릴 때는 각성 수준이 낮고, 불안할 때는 각성 수준이 높다. 각성 수준은 반응 시간에 영향을 미친다. 각성 수준이 높을수록 반응 속도가 빠르다.

앞서 묘사한 출발 절차가 불공평한 것은 이 때문이다. 스피드 스케이팅 경기에서는 선수들이 2인 1조로 짝을 지어 경주하고 마지막에 모든 선수의 기록을 비교한다. 즉, 모든 선수가 동시에 출발하지 않는다는 의미다. 100미터 경주의 출발 절차와는 다르다. 스피드 스케이팅 심판은 경주마다 출발 방아쇠를 당기기 전에 얼마나 여유를 둘지 (보통 3초 반에서 5초 사이) 결정할 자유가 있다. 하지만 선수들은 "준비" 신호 다음에 출발 신호까지 얼마나 기다려야 할지 알 수 없다. 이것이 문제다. 우리 몸은 높은 수준의 각성 상태를 오래 유지할 수 없다. "준비"라는 말을 들으면 선수의 몸은 곧바로 튀어 나갈 준비를 한다. 하지만 출발 신호가 발사될 때까지 기다리는 시간이 길어질수록 각성 수준은 낮아진다. 실험실 연구 결과에 따르면, 몸의 각성 수준이 높으면 반응 시간이 훨씬 빨라지므로 출발 신호를 오래 기다려야 할수록 반응 시간은 느려진다.

내가 이 사실을 더 깊이 파고들기로 한 것은 한 강의에서 각성과 주의력에 대해 발표했을 때 네덜란드의 스케이트 국가대표였던 베오른 네이엔하위스Beorn Nijenhuis가 다가와 내 강의 내용과 스피드 스케이팅 출발 절차에 대한 자신의 이론이 비슷하다고 말한 때부터다. 그는 심판이 출발 총소리 신호를 늦게 주면 항상 자신에게 불리하다고 느꼈지만 이를 증명할 길이 없었다. 하지만 내 강의를 들은 후 자신의 느낌을 설명할 수 있게 되었다고 말했다. 나도 처음에는 각성처럼 효과가 미미한 요소보다는 기온이나 얼음의 질 같은 다른 요소가 경기 결과에 훨씬 큰 영향을 줄 것이라 여기고 다소 회의적으로 대했다. 하지만 동료인 에드윈 달마이어Edwin Dalmaijer와 함께 이 현상을 좀 더 생각해 보기로 했다. 나중에 밝혀졌지만 사실 매우 힘든 일이었다.

우리는 2010년 밴쿠버 동계올림픽의 남녀 500미터 스피드 스케이팅 경기 영상을 분석하는 작업에서 시작했다. 텔레비전 중계방송의 오디오 트랙을 이용해 심판의 "준비!" 소리와 총소리 사이의 시간 간격을 거의 밀리초 단위로 측정했다. 우리는 두 소리 사이의 간격이 클수록 남녀 선수 모두 결승점에 들어오는 피니시 타임이 늦어진다는 사실을 발견했다. 즉, 심판이 느리면 선수도 느려진다.

출발 총소리와 선수의 출발 시간 사이의 간격이 아니라 선수의 실제 피니시 타임을 이야기하고 있다는 점에 주목하자. 올림픽에서 금메달과 은메달의 차이는 겨우 수백 분의 1초 또는 그 이하일 경우가 흔한데, 2014년 소치 동계올림픽에서는 500미터 경주에서 금메달과 은메달 선수의 기록 차이가 겨우 0.01초에 불과했다. 밴쿠버 올림픽에서는 출발 시간 1초 차이 때문에 선수의 피니시 타임이 0.17초 느려졌다. 미미한 효과지만 밀리초를 다투는 스포츠에서는 충분히 큰 차이다. 당신이 달릴 순서에 "준비!" 신호와 출발 총소리 사이의 간격이 다른 경주보다 짧다면 조금이라도 자동으로 혜택을 보는 셈이다.

출발 절차를 기다리는 도중 선수의 각성 수준이 떨어지는 일은 우리 모두에게 늘 일어나는 현상의 특별한 사례다. 하루 매 시간 완전한 각성 상태를 유지하기는 불가능하다. 그렇다면 얼마나 긴장되겠는가. 2장에서 우리는 멀티태스킹이 효율적인 작업 방식은 아니라는 사실을 이미 살펴보았지만, 사실 다르게 질문할 수도 있다. 실수하거나 반응 속도가 느려지지 않고 얼마나 오래 한 가지 과제를 할 수 있는가? 이 질문은 실험 심리학의 역사에서 매우 중요한 역할을 해 왔다. 우리 연구 분야는 군사들이 어떻게 기능하는지에 점점 관심을 가졌던 제2차 세계대전 중 폭발적으로 발전했다. 군대는 레이더 조종사가 얼마나 오래 최대 능력치를 발휘할 수 있는지, 전투기 조종사가 실수하지 않고 얼마나 오래 비행할 수 있는지 알아보려 했다. 이 장에서 우리가 논할 많은 사실은 이 시기에 시작했다.

얼마나 오래 집중할 수 있을까

세관원, 품질 관리자, 구조대원처럼 집중이 필요한 직업은 많다. 교량 관리인도 마찬가지다. 다리를 여닫는 일은 표준 작업 절차를 따르는 상당히 규칙적인 업무다. 하지만 때로 일이 크게 잘못되기도 한다.

2008년, 57세의 한 교량 관리인은 네덜란드 플레볼란트주의 케텔브루크 다리에서 일어난 치명적인 사고를 유발한 혐의로 법정에 섰다. 도개 중 자동차가 강 아래로 추락해 64세의 운전자가 숨진 사고였다. 검찰에 따르면, 교량 관리인은 주의를 기울이지 않고 결정적인 순간에 실수를 저질렀다. 자동차 운전자는 첫 번째 차단기를 지나간 후에야 반대쪽 출구가 막혔다는 사실을 깨달았다. 운전자는 당황해 차를 돌리려 했다. 하지만 그때 자동차 뒤쪽 다리가 열렸고 차는 다리 사이의 틈으로 떨어져 버렸다. 교량 관리인은 양쪽 출구 차단기 사이에 있는 차를 보지 못했고 차가 후진하는 것도 보지 못했다고 진술했다. 당시 그는 다가오는 배와 교신하느라 정신이 없어서 평소보다 오래 다리에서 주의를 돌린 상태였다. 다리에서 일어난 사건을 상세히 재구성한 후 법원은 사고가 교량 관리인 탓이 아니라고 결론 내렸다. 다리의 설계, 차량의 색깔, 교량 관리인이 배의 선장과 교신하느라 정신이 없었다는 사실이 무죄의 근거가 되었다. 판사는 그가 "지나치게 부주의하거나 태만하지 않았다"라고 하며 모든 혐의에 무죄를 선고했다.

해당 직원의 근무 연차가 길어질수록 이런 사고의 위험이 늘어난다는 점은 잘 알려져 있다. 따라서 사고의 위험을 최소화하려면 교량 관리인이 높은 집중력을 얼마나 오래 유지할 수 있을지 꼭 알아야 한다. 1948년, 인지과학자인 노먼 맥워스 Norman Mackworth는 레이더 조종사가 레이더에서 사물을 감지하지 못할 가능성은 교대근무 시간의 길이와 직접 관련 있다는 논문을 발표했다. 맥워스는 이 사실을 증명하기 위해 실험 참가자에게 숫자판이 없는 시계를 연속해서 두 시간 동안 바라보게 했다. 이 시계에는 숫자판이 없는 대신 작은 원이 약 1초에 한 번꼴로 시계 둘레를 규칙적으로 돌았다. 가끔 원이 궤도를 건너뛰면 참가자는 여기에 반응해야 했다. 30분이 지나자 참가자들은 실수하기 시작했고, 실험이 길어질수록 실수는 계속 늘었다.

과제가 얼마나 흥미롭고 도전적인지와 관계없이 우리가 완전히 집중하고 주의를 흐트러뜨리지 않는 시간에는 한계가 있으며, 그 시간은 주로 과제나 활동의 난이도에 달려 있다. 맥워스의 실험에서 원이 건너뛰는 것은 발견하기 쉽지 않다. 만약 원이 건너뛸 때 큰 소리가 나는 등 건너뛰기를 더 쉽게 발견할 수 있게 한다면 참가자는 문제없이 두 시간 내내 과제를 성공적으로 완수할 수도 있다. 각성 수준이 떨어지는 지점은 알아채야 하는 신호의 난이도에 따라 다르다. 과제가 어려울수록 각성을 유지하는 것이 중요하다.

맥워스의 실험에서 참가자의 각성 수준은 시간이 지나며 점차 낮아졌다. 당신이 심리학 실험에 참여한 적이 있는지는 모르지만 맥워스의 시계처럼 지루한 실험을 하면 실제로 느리지만 확실히 각성도가 떨어진다. 나는 박사학위 논문을 쓸 때 지하실에서 오랜 시간을 보내며 실험 참가자들에게 매우 지루한 눈 운동을 시켰다. 눈 추적 모니터를 이용한 결과 실험이 길어지면 참가자들의 동공이 점점 덜 확장하고 눈꺼풀이 처지기 시작하는 것을 볼 수 있었다. 쉬는 시간이 되면 칸막이벽을 두드려 참가자를 깨우고 잠깐 이야기를 나눴다. 그 정도면 보통 참가자가 다시 정신을 차리게 하기에 충분했다.

각성 수준과 수행도 사이에는 강한 상관관계가 있다. 스포츠 경기에 참여했거나 발표를 해야 했던 적이 있다면 이런 사실을 잘 알 것이다. 각성 수준이 낮으면 최고의 기량을 발휘할 긴장을 느끼지 못한다. 한 발 나아가려면 어느 정도 긴장감이 있어야 한다. 하지만 견딜 수 있는 긴장에도 한계가 있다. 각성 수준이 너무 높으면 스트레스가 유발되어 수행도에 부정적인 영향을 준다. 로버트 여키스Robert Yerkes와 존 도슨John Dodson이 처음 확인한 이런 상관관계는 이후 그들의 이름을 딴 여키스-도슨 법칙으로 정해졌다. 집중할 때 어느 정도의 각성이 최상의 수행도에 필요한지 결정하는 매우 중요한 법칙이다.

여키스-도슨 법칙은 출구가 하나뿐인 미로에서 탈출하는 쥐 실험을 바탕으로 세워졌다. 쥐가 길을 잘못 들면 전기 충격을 받는다. 어느 정도의 벌을 주어야 쥐가 미로를 가장 빨리 배울지 결정하는 실험이었다. 전기 충격의 전압이 올라갈수록 쥐들은 더 빨리 배웠다. 하지만 학습할 수 있는 양에는 한계가 있어 일정 전압이 넘으면 학습 속도가 다시 느려졌고, 쥐들은 더 큰 전기 충격을 받을까 봐 무서워 움직이지 않고 완전히 굳어버렸다. 심지어 아무 충격도 받지 않는 '안전' 지대가 어디에 있는지도 잊었다.

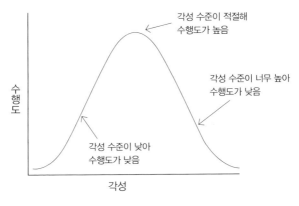

그래프 3.1 각성 수준과 수행도의 상관관계를 보여주는 여키스-도슨 법칙

각성 수준이 너무 낮아도 수행도가 낮아지지만, 각성 수준이 너무 높아도 역시 수행도가 낮아진다. 각성 수준이 너무 높으면

스트레스에 압도되어 과제를 수행할 집중력도 사라져 버린다. 여러 심리학 서적에서 그래프 3.1에 나타난 상관관계를 볼 수 있지만, 원래의 여키스-도슨 법칙은 조금 미묘하다. 상관관계는 어려운 과제에만 적용되므로, 원래 법칙에서는 쉬운 과제와 어려운 과제를 구분한다. 사실 각성 수준이 높을수록 인지 기술이 많이 필요하지 않은 과제의 수행도는 높아진다. 여키스와 도슨은 과제가 왜 쉽거나 어려운지는 설명하지 않은 채 쉬운 과제와 어려운 과제를 구분했다. 하지만 최근 연구에서는 어려운 과제를 하려면 전전두엽 피질의 주의력이 필요하며 과도한 스트레스는 이런 과제, 특히 작업 기억을 많이 요구하는 과제의 수행도에 좋지 않다는 사실을 보여주었다.

직원들의 수행도를 최적화하려면 각성도를 높이라고 동기부여 하는 것도 중요하지만 가능한 한 스트레스 수준도 낮춰야 한다. 물론 스트레스와 최적의 수행도에 대해서는 사람마다 임계점이 다르다. 어떤 사람은 마감이 코앞일 때 좋은 성과를 내지만, 어떤 사람은 그렇지 않다. 수행도가 불가피하게 낮아지기 시작하는 순간도 있다(항상 막판까지 일을 미루는 사람에게도 해당한다). 스트레스를 너무 많이 받으면 누구에게나 문제가 생긴다. 나는 강의 전에 아직도 약간 긴장하지만 그 스트레스가 내 능력을 최대로 발휘하는 데 도움이 된다는 사실을 안다. 하지만 처음 강의를 시작했을 때는 몸이 너무 긴장한 나머지 '질식해'버려 굳어버리고 생각의 끈을 놓칠 때도 있었다. 테니스 선수들이 매치 포인트를 맞을 때 얼어붙고 축구 선수들이 중요한 경기에서 페널티킥을 차야 할 때 어려움을 겪는 이유이기도 하다. 하지만 우리 대부분은 여키스-도슨 법칙의 반대 측면도 경험해 보았을 것이다. 너무 만사태평해도 과제를 수행하는 데 도움이 되지 않는다. 적정한 수준의 각성 없이 공부하면 정보 흡수 능력이 영향을 받는다.

금붕어가 사람보다 더 집중력이 좋을까?

인터넷에는 우리가 과도한 멀티태스킹과 매일 받아들이는 엄청난 정보 때문에 점점 집중력을 잃고 있다는 이야기가 가득하다. 가장 인기 있는 이야기는 우리의 주의지속시간이 금붕어보다 짧아졌다는 주장이다. 문제의 주장은 2015년 봄 캐나다 마이크로소프트Microsoft가 발행한 보고서에 바탕을 두고 있는데, 이 보고서는 뉴미디어의 출현으로 지난 수년간 우리의 주의지속시간이 극적으로 짧아졌다는 주장을 담고 있다. 이 보고서에 따르면, 2010년에는 13초였던 인간의 주의지속시간은 2013년에는 금붕어의 주의지속시간보다 딱 1초 짧은 8초까지 짧아졌다. 이 주장은 세상을 놀라게 했고 《타임Time》, 《가디언Guardian》, 《뉴욕타임스New York Times》의 여러 페이지를 장식했으며, 수많은 마케팅 및 교육 블로그에도 소개되었다. 이 주장은 연일 미디어를 탔고 위키피디아의 '주의지속시간attention span' 페이지에서도 사실로 언급되기도 했다.

이 주장은 자극적이어서 대부분은 이 이론이 상당히 가능성 있다고 생각할 수도 있다. 하지만 정말 그럴까? 안타깝게도 문제의 연구는 온라인에서 더는 찾을 수 없으므로 이 책에서 직접 참조할 수 없었다. 하지만 이 연구가 사이버 공간에서 사라진 데는 나름의 이유가 있다. 사실 이 주장은 매우 터무니없고 어떤 과학적 근거도 없다. 예를 들어, 이 연구는 인간의 주의지속시간을 측정하지도 않았다. 대신 이들은 주장을 뒷받침하기 위해 정체불명의 '뇌 통계Statistic Brain'라는 웹사이트를 인용하는데, 여기서는 미 국립 의학도서관에 있는 국립 생명공학정보센터 National Center for Biotechnology Information의 데이터를 참고했다고 주장한다. 하지만 이 센터는 그런 주장을 단호히 부인하고 있다.

결국 이 이야기는 모두 마이크로소프트가 소비자의 관심을 끄는 데 얼마나 능숙한지 광고주에게 보여주는 영리한 마케팅 전략에 지나지 않는 것으로 밝혀졌다. 언론이 이 주장에 그렇게 금방 완전히 낚였다는 사실은 매우 유감이다. 결과적으로 대중의 상상에서 이 신화를 없애기는 매우 어려워졌다. 우리가 뇌의 10퍼센트만 사용한다거나 좌뇌와 우뇌는 다른 일을 한다는 신화처럼 말이다. 금붕어의 주의지속시간에 대한 정보도 완전히 터무니없다. 이 '연구'가 불쌍한 금붕어의 주의지속시간이 아니라 기억력에 관한 연구라는 점은 말할 필요도 없다. 게다가 금붕어의 기억력은 사실 그렇게 나쁘지 않다. 사실 금붕어는 흔히 인간의 기억 체계 모델로 이용될 정도로 좋아서, 몇 달이 지나도 먹이를 먹은 특정 위치를 기억할 수 있다. 따라서 마이크로소프트의 주장은 그대로 원래 자리인 쓰레기통에 던져버려도 좋다.

수업 중의 주의지속시간

효과적으로 공부하려면 어느 정도는 집중력이 있어야 한다. 하지만 요즘 교사들이 마주하는 큰 어려움 중 하나는 수업 중에 학생들을 어떻게 정신 차리게 할 수 있을까 하는 걱정이다. 네덜란드 대학의 강의 시간은 중간 휴식 시간 15분을 포함해

90분인데, 학생들이 그렇게 긴 시간 집중력을 유지하기는 어렵다. 나는 종종 강의를 시작하고 15분 정도 지나면 다음과 같은 그래프를 학생들에게 보여준다. 가로축은 강의 시간이고 세로축은 강의 중 학생들의 주의력 정도다. 그래프에서 볼 수 있듯 시작 부분에는 주의력이 급상승하지만 그다음에는 점점 떨어지다 쉬는 시간이 다가오면 다시 주의력이 올라간다. 나는 이 그래프를 수업에 약간의 재미를 가미하고 무엇보다 학생들을 깨우기 위해 사용한다. 사실 그래프가 정확하다는 증거는 없지만, 요즘 강의실에서 흔히 볼 수 있는 풍경이기는 하다.

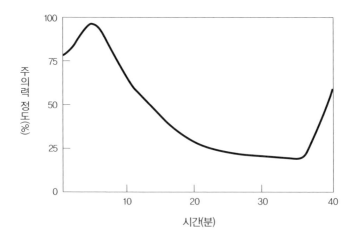

그래프 3.2 수업 중의 주의력 곡선

심리학자인 캐런 윌슨Karen Wilson과 제임스 콘James Korn은 이 그래프에서 제시하는 이론에 의문을 품었다. 두 사람은 평균적으로 학생들의 집중력이 10분에서 15분 후에 떨어지기 시작한다는 반복되는 주장에 관심을 가졌다. 이들은 강의 중 집중력이 크게 달라지기는 하지만 이런 현상에는 단지 시간만이 아닌 다른 여러 원인이 작용한다고 주장했다.

우리는 모두 좋든 싫든, 강의하거나 발표를 할 때 정보 전달자가 된다. 정보를 전달하려면 정보 수신자가 계속 집중하게 해야 한다. 산만함이 가득한 이 세계에서 그렇게 하기는 매우 어렵다. 정보 전달자가 전달하는 메시지의 내용에 훨씬 더 신경을 써야 한다는 의미다. 이야기가 재미있어야 듣는 사람의 집중력을 오래 잡아둘 수 있다. 정보 수신자가 받는 메시지에 집중하는 일을 최우선으로 여기도록 하는 것도 전달자의 몫이다. 새로운 메시지로 스마트폰이 끊임없이 울리는 이 시대에는 특히 어려운 일이지만, 우리는 알람이나 진동을 기꺼이 무시하고 단 한마디도 놓치지 않으려고 귀 기울이게 만드는 선생님이나 텔레비전 진행자를 분명 한 명쯤은 지목할 수 있다. 이런 사람들은 처음부터 끝까지 우리의 관심을 끄는 능력을 지녔다.

우리의 주의지속시간이 분초 단위로 표현될 수 있다는 생각은 어리석다. 사람의 주의지속시간은 대체로 수신되는 메시지의 내용에 좌우된다. 우리 대부분은 계속 몇 시간 동안이나 주의력을 잃지 않고 넷플릭스를 보거나 흥미진진한 책을 읽는 데 전혀 어려움을 느끼지 않는다. 주의력은 모두 우리가 과제에 할당한 우선순위와 흥미 및 난이도에 달려 있다. 널리 퍼진, 유튜브 영상이 2분을 넘으면 안 된다는 생각은 완전히 잘못됐다. 영상이 아주 흥미로워서 보는 사람의 관심사와 내용이 일치하기만 하면 된다. 플랫폼 측면에서도 차이가 있다. 유튜브에서 영상을 보는 시간은 평균 870초이지만 페이스북에서는 81초밖에 되지 않는다. 미디어마다 목표로 삼는 시청자가 다르기 때문이다. 소셜 네트워크상의 친구들로부터 간단히 정보를 얻거나 그저 잠깐 재미를 위해서는 페이스북을 이용하지만, 특정 주제에 대해 자세히 알고 싶거나 브이로그를 뒤적이거나 다큐멘터리를 보고 싶을 때는 유튜브를 이용한다.

시청 시간이 짧다고 주의지속시간이 짧다는 의미는 아니다. 단지 선택의 문제다. 짧은 시간에 정보를 전달해야 한다는 흔한 조언은 정보 수신자의 짧은 주의지속시간보다는 정보를 제공하는 플랫폼이나 정보의 질과 더 관련 있다. 우리가 선택할 수 있는 정보의 양이 점점 더 많아지기 때문에 우선순위를 설정하는 일은 더욱 중요하다. 볼 수 있는 텔레비전 채널이 하나뿐이었던 과거 프로그램 제작자들은 시청자가 채널을 돌리거나 다른 일을 하지 않도록 큰 노력을 기울일 필요가 없었다. 하지만 오늘날 우리는 스트리밍되는 수많은 채널과 정보를 선택할 수 있고 주의력이라는 메커니즘은 끊임없이 계속 선택하도록 우리를 밀어붙인다. 선택을 통해 우리는 우선순위를 설정한다. 이것이 우리의 친구 금붕어와 인간의 공통점 중 하나다.

휴식의 중요성

정보 수신자의 주의를 붙잡고 각성을 높게 유지하도록 흥미로운 방법으로 정보를 제공하는 것은 정보 전달자의 몫이다. 넷플릭스를 볼 때는 몇 시간이라도 주의 집중할 수 있지만 어려운 교재를 공부할 때는 교사나 저자가 아무리 잘 설명해도 집중하기 어렵다. 우리는 어려운 과제에 무한히 집중할 수는 없다는 사실을 알면서도, 자주 과제를 전환하면 주의전환 비용이 발생하고 공부나 과제 결과가 나빠진다는 사실도 안다. 그렇다면 이 명백한 모순에 어떻게 대처해야 할까?

해결책은 과제 전환에 적당한 순간을 선택하는 것이다. 강의를 들으며 문자 메시지를 보내는 행동이 미치는 효과를 알아본 실험에서 잘 밝혀진 대로다. 강의 후 기억력 시험을 치르자 강의 중 문자를 가장 많이 보낸 학생은 10퍼센트 낮은 점수를 받았다. 문자를 받은 후 답장하기까지 걸린 시간에 따라 점수 차도 달라졌다. 방금 강의에서 배운 내용을 기억하는 능력은 같은 수의 문자를 보냈지만 답장하기까지 시간이 더 걸린 학생이 문자에 즉시 답장한 학생보다 훨씬 좋았다. 즉, 기억력 차이는 학생이 답장을 보낸 시간에 달려 있었다. 답장을 늦게 보낸 학생은 강의 중 집중력을 크게 흐트러뜨리지 않고 답장을 보낼 순간을 기다렸다. 기본적으로 이 학생은 문자를 보낼 적당한 순간을 선택한 것이다. 따라서 과제 전환은 좋은 생각이지만, 집중력이 떨어지기 시작할 때만 그렇다.

교량 관리인의 일터를 방문했을 때, 그들은 제어실에서 핸드폰을 사용하는 문제를 어떻게 다루어야 할지 물었다. 사고 위험을 줄이기 위해 근무 중 핸드폰 사용을 금지해야 하는가? 나는 그렇지 않다고 말했다. 그런 방법은 큰 반발에 부딪힐 뿐이다. 나는 앞서 언급한 연구 결과에 근거해 해결책을 제시했다. 이 연구는 직원이나 학생들이 일정 시간 과제에 집중한 다음 핸드폰으로 문자를 읽거나 답장할 수 있는 '테크 브레이크 (technology break, 커피 브레이크처럼 기술 이용을 위해 잠시 쉬는 시간 —

옮긴이)'를 도입할 때의 이점을 증명한다. 잠시 후 문자를 확인할 수 있다는 사실을 아는 것만으로도 집중하는 데 필요한 안정감을 느낄 수 있다. 강의의 중요한 부분을 놓치거나 일하는 도중 실수하는 위험을 감수하지 않아도 된다. 디지털 세상과의 연결을 잠시 끊고 주변의 실제 물리적 세계에 완전히 집중할 수 있다. 테크 브레이크의 또 다른 이점은 커피 브레이크처럼 하루 중 기분 전환에 도움을 줄 수 있다는 점이다. 많은 이들에게 하루에 한두 번쯤 긴장을 풀고 트위터나 페이스북의 타임라인을 스크롤하는 것보다 즐거운 일은 없다. 흡연하러 나가는 직원들이 한 손에는 담배, 한 손에는 핸드폰을 들고 나가는 것처럼, 테크 브레이크를 담배를 피우지 않는 직원들에게 주어지는 일종의 흡연 시간으로 생각할 수도 있다.

테크 브레이크는 강의 중이나 작업장에서뿐 아니라 공부할 때도 유용한 전략이다. 핸드폰을 다른 방에 두어 집중이 필요한 순간에 집중력이 방해받지 않게 하는 방법도 좋다. 우리는 수신되는 메시지를 무시하기는 어렵다는 사실을 잘 안다. 이 전략을 사용하면 새로운 정보가 줄 잠재적 보상을 활용해 일정 시간 집중한 후 다시 각성 수준을 높일 수 있다. 방해받지 않고 '완벽하게' 집중하는 시간으로 일정 시간(예를 들어 20분)을 제시할 수도 있지만, 나는 수많은 사이비 과학적 자기 계발서가 이전에 저질렀던 실수를 반복하고 싶지 않다. 집중할 수 있는 시간과 과제마다 필요한 집중도는 사람마다 다르므로 이런 제안은 지나치게 단순하다. 최적의 집중도를 얼마나 오래 유지할 수 있는지 알아보는 것은 개인의 몫이다.

이런 전략을 실행하려면 테크 브레이크가 너무 길면 안 된다는 점이 중요하다. 사실 매우 어려운 일이다. 소셜 미디어 앱은 가능한 한 오래 사용자의 관심을 끌도록 디자인되어 있기 때문이다. 이런 앱은 계속 정보를 띄워 끊임없이 스트리밍하며 사용자의 각성도를 높게 유지한다. 그러므로 테크 브레이크는 가능한 한 짧게 갖도록 노력해야 한다. 알람을 설정하는 것도 좋다! 커피 브레이크가 길어야 15분을 넘지 않아도 이후에 충분히 상쾌한 기분을 느낄 수 있는 것과 마찬가지다. 어떤 연구에서는 심지어 1분 남짓한 짧은 휴식을 가져도 아주 긍정적인 결과를 보여주었다.

이 책에서는 어떤 특정한 훈련법도 제시하지 않겠지만, 이 훈련법들이 주의력에 대해 주는 교훈에는 중요한 기능이 있다. 바로 우리의 '메타 인지metacognition' 수준을 높이는 방법을 배워야 한다는 점이다. 앞서 언급한 연구에서 문자에 답장할 적당한 순간을 기다린 학생들은 주의력의 가치를 잘 알았다. 바로 메타 인지와 관련된 부분이다. 알고 있다는 사실을 인지하는 것, 우리의 인지력과 능력을 아는 것이다. 집중력의 가치와 잠재적인 산만함이 가져올 결과를 알면 더 효율적으로 집중할 수 있다.

교실과 직장에서 뉴미디어를 금지하는 대신 우리는 주의력에 대해 배우는 데 관심을 기울여 더 오래 집중하는 행동의 가치를 모두가 알게 해야 한다. 그런 후에야 개인은 각자의 목표에 가장 적합한 전략을 스스로 발견할 수 있다. 과거에 학생들은 지루할 때면 교실 창밖을 바라보았지만 이제는 정신을 바짝 차릴 수 있는 도구가 있다. 따라서 학생들의 멀티태스킹 문제를 해결할 방법은 산만함을 조장하지 않는 무미건조한 환경을 만드는 것이 아니라 신선함을 되찾아주는 과제 전환의 효과를 잘 활용하는 것이다. 강의 중 질문을 전송하거나 투표에 참여하게 하는 등, 학생들의 핸드폰이나 컴퓨터를 이용해 당면한 과제에 집중하게 하는 좋은 방법도 있다. 적어도 나른해진 학생들을 잠에서 깨우는 데 도움이 된다.

캘리포니아대학교에서 학생 48명의 활동을 일주일 동안 관찰한 연구 결과, 과제 전환은 각성을 유지하는 데 도움이 되었다. 연구에서는 참가자들의 심박 수를 추적하는 센서를 달고 컴퓨터 사용 활동을 기록했다. 컴퓨터를 이용해 과제를 하는 동안 멀티태스킹을 많이 한 학생은 멀티태스킹을 덜한 학생보다 심박 수가 높았다. 비록 상관관계를 보여주는 연구에 불과하지만 컴퓨터 과제 동안 소셜 미디어에 접속만 하고 다른 부가 활동을 하지 않은 학생들은 모두 심박 수가 낮았다는 사실은 몹시 흥미롭다. 따라서 긴장 이완과 소셜 미디어는 서로 연관된 것으로 보이며, 다음과 같은 두 가지 결론을 내릴 수 있다. 소셜 미디어로 얻을 수 있는 보상은 낮은 심박 수라는 결론, 또는 우리가 휴식 시간에 소셜 미디어 하기를 좋아한다는 결론이다. 교량 관리인이 다리를 여닫는 작업을 오래 한 뒤 소셜 미디어를 잠깐 사용하면 아주 유용한 효과를 거둘 수 있다.

정보 전달자의 역할

다른 이들과 성공적으로 의사소통하려면 정보 전달자와 수신자는 암묵적으로 합의해야 한다. 전달자는 가능한 한 명확하고 효과적으로 메시지를 전달하려고 노력해야 하고, 수신자는 전달자의 메시지에 주의를 기울이는 데 합의해야 한다. 두 사람 모두 합의를 실행하는 데 책임이 있으며, 문자 그대로 정보가 넘쳐나는 오늘날 이 합의는 어느 때보다 중요하다. 정보 전달자는 수신자의 각성 상태가 계속 높은 상태에 있도록 도와 주의력을 유지해 주어야 한다. 이렇게 하면 수신자가 스마트폰 같은 산만함에 덜 빠져들 수 있다. 수신자의 집중력이 떨어질 위험이 있을 때마다 전달자가 할 수 있는 방법의 하나는 수신자가 얻을 수 있는 다양성이 많다는 사실을 상기시키는 것이다.

나는 강의에서 정보를 전달하는 여러 방법을 배웠다. 나는 학생들이 45분 동안 같은 이야기를 듣기 어려워한다는 사실을 잘 알며, 학생들의 손안에 있는 기기와 치열한 경쟁을 하고 있다는 사실도 잘 안다. 요령은 흐름을 바꿀 적절한 순간을 예측하고 포착하는 것이다. 무거운 주제를 다룬 다음에는 방금 학생들에게 강의한 내용에 관한 영상을 보여주곤 한다. 특정 주제에 대해 컴퓨터로 투표하게 하거나 학생 한 명을 실시간 심리학 실험에 끌어들여 짧은 시연을 하게 할 수도 있다. 이렇게 하면 정보 전달자는 직접 과제 전환 순간을 통제할 수 있고 학생들의 각성 수준과 주의지속시간도 높게 유지할 수 있다.

이런 정보 전달 방법은 식후 치즈가 나오는 방식과 비슷하다. 풀코스 저녁 식사 후에 꽤 배가 부른데도 사람들은 마지막에 치즈 코스 추가하기를 좋아한다. 치즈 코스는 다양한 맛을 제공한다. 단맛의 부드러운 치즈와 짠맛의 단단한 치즈가 번갈아 나온다. 한 가지 치즈만 나온다면 금방 배가 부르겠지만 다양하게 나오면 계속 먹게 된다. 텔레비전 토크쇼에서도 같은 방법이 이용된다. 먼저 진지한 인터뷰가 나오고 그다음 가벼운 인터뷰, 그리고 재미있는 유튜브 영상이 이어 나오고 마지막에는 음악이 나온다. 인터뷰는 거의 언제나 주제와 관련된 기록 영상과 교대로 나온다. 프로그램 자체가 화면에서 실시간으로 전환을 해주기 때문에 시청자는 채널을 돌리려고 생각할 틈도 없다. 이런 전환은 시청자의 집중력이 떨어지지 않게 하는 방법으로 연출되어 있다. 모든 의사소통에도 같은 원칙이 적용된다. 글이나 영화는 물론, 진지한 토론을 할 때 긴장을 완화하려고 짧은 농담을 사이사이 끼워 넣는 방법도 마찬가지다.

성공적으로 의사소통하려면 ADHD를 겪는 어린이들이 집중력을 사용하는 방식에서 영감을 얻을 수 있다. 이 어린이들은 비디오게임에는 아주 잘 집중하지만 숙제에는 집중하지 못한다. 어떤 과학 연구에서는 ADHD를 겪는 어린이가 그렇지 않은 어린이만큼 플레이스테이션 게임을 잘하는지 알아보았다. 실험에서 ADHD를 겪는 어린이는 그렇지 않은 어린이보다 표준 집중력 검사에서는 낮은 점수를 받았지만 비디오게임에서는 점수가 비슷하게 좋았다. 물론 비디오게임은 집중력과 작업 기억을 측정하는 표준 과제와는 큰 차이가 있기는 하다.

비디오게임은 사용자의 주의를 완전히 사로잡기 위해 고안되었다. 획득할 수 있는 점수는 동기부여 효과를 주고, 게임은 어린이나 청소년이 보는 세상에 맞추어져 있다. 비디오게임은 속도가 매우 빨라서 사용자는 잠시도 쉴 틈이 없다. 결과적으로 사용자는 다른 것은 생각할 시간이나 여유가 없고 작업 기억은 특정 과제를 유지하기 위해 노력할 필요도 없다. 과제의 특성 자체가 사용자의 주의를 충분히 사로잡기 때문이다.

태블릿을 사용할 때도 마찬가지다. 태블릿을 사용할 때는 바로 눈앞에 놓기 때문에 다른 시각 정보에 주의를 뺏길 틈이 없다. 뇌의 시각 피질에는 끊임없이 새로운 시각 정보가 쏟아지지만, 태블릿을 사용할 때는 태블릿을 얼굴과 아주 가까이 두어 시야의 대부분이 차단되므로 태블릿에 쉽게 집중할 수 있다. 태블릿으로 비디오게임에 열중하거나 영화를 보는 아이에게 말을 걸어 본 적이 있는가? 맞다. 불가능하다. ADHD를 겪는 아이들이 이런 기기를 사용할 때 집중을 잘하는 것은 당연하다.

ADHD를 겪는 아이들의 집중력을 연구한 실험은 과다활동성이 있는 아이들의 학습 프로그램이나 외부 자극이 많은 상황에서 정보를 전달하는 방법을 개발하는 데 영감을 주는 유용한 원천이다. 연구 결과에 따르면 정보를 전달하는 좋은 방법은 문자 그대로 대상 수신자에게 정보를 쏟아붓는 것이다. 다시 말하면 정보를 전달하려면 수신자가 다른 정보로 산만해질 틈이 없게 해야 한다. 게임 디자이너들이 아주 좋아하는 동기부여 방법을 사용할 수도 있다. 수행도에 따라 즉각적인 긍정적 보상을 주고 다음 단계에 도달하고 싶도록 여러 단계를 만들어 다음 단계에 도달하면 훨씬 더 멋진 보상이 있다고 약속하는 것이다. 이런 방법이 언젠가 올림픽 메달을 얼마나 많이 가져다줄지 누가 알겠는가.

4

정보 수신자:
어떻게 집중력을 향상할 것인가

미국의 심리학자 버러스 스키너Burrhus Skinner(1904~1990)는 종소리로 개가 침을 흘리게 할 수 있는 것처럼 사람의 집중력도 조건화할 수 있다고 확신했다. 스키너의 연구는 파블로프의 뒤를 이었고, 스키너는 행동주의의 창시자 중 한 명이 되었다. 스키너는 조작적 조건화operant conditioning 연구에 이용하는 도구인 '스키너 상자Skinner box'를 개발한 인물로 잘 알려져 있다. 실험동물을 스키너 상자에 넣고 과제를 제대로 수행하면 음식 같은 보상을 자동으로 준다. 스키너 상자는 동물이 보상에 어떻게 반응하고 특정 활동과 잠재적 보상의 연관성을 어떻게 학습하는지 연구하는 데 활용된다.

발명가이자 심리학자였던 스키너는 매우 열성적으로 글을 써서 평생 스무 권의 과학 서적과 수많은 논문을 남겼다. 스키너가 이렇게 열심히 일할 수 있었던 데는 조작적 조건화 같은 행동주의 기법을 이용한 공이 크다. 스키너는 매일 아침 글쓰기 시간을 시작할 때마다 종소리와 집중력 사이에 연관성을 만드는 종을 울렸다. 종이 땡땡 울리는 소리로 스스로 뇌에 집중하는 법을 가르치고 싶었던 것 같다.

실제로 스키너는 글쓰기를 시작하기에 앞서 아침 일찍부터 일련의 습관적인 의식을 치렀다. 그는 매일 같은 시간에 일어나 콘플레이크 한 그릇을 아침으로 먹었다. 매일 아침 신문을 읽고 사전 몇 쪽을 읽었다. 그다음 정해진 시간에 서재로 가 연구를 시작했다. 스키너는 항상 같은 책을 가까이 두고 같은 스탠드를 책상에 놓았다. 스탠드를 켜고 일한 시간을 기록하는 알람 시계도 켰다. 그것으로도 충분하지 않다는 듯 스키너는 생산성을 기록했다. 그는 시계가 특정 시간을 가리키면 스키너 상자 안 실험동물의 행동을 기록하듯 자신이 쓴 단어 수를 세어 기록했다.

스키너가 무엇이든 측정하는 것을 좋아했다는 사실은 말할 필요도 없지만, 덧붙여 그는 행동 연구를 더욱 과학적으로 만드는 데 크게 이바지했다고 널리 인정받는다. 종소리는 스키너의 영원한 동반자였다. 스키너는 일을 그만둘 때까지도 종소리에 따라 매일 저녁 한 시간씩 더 글을 썼고, 그가 공식적으로 은퇴하고 한참 후까지도 종소리는 끊이지 않았다. 스키너는 일년 내내 일주일 동안 쉬지 않고 연구했고, 휴가도 가지 않았다. 1990년 86세로 사망하기 직전 해까지도 책을 출간했다.

스키너는 실험과 마찬가지로 자신의 집중력에 대해서도 같은 태도를 보였다. 마치 스스로 일생을 스키너 상자에서 보낸 것 같았다. 언제나 종소리가 울렸고, 언제나 놀라운 생산성을 기록했다.

오랜 시간 집중하기 전에 하는 자기만의 의식이 있는 사람도 많다. 네덜란드의 유명한 작가 하리 뮐리스Harry Mulisch는 크림과 설탕을 한 숟가락씩 탄 커피 한잔과 마멀레이드를 바른 크래커로 매일 아침을 시작했다. 뮐리스는 바깥에 나갈 일이 없을 때도 언제나 빈틈없이 옷을 차려입었다. 일하다 항상 같은 시간에 멈춰 점심으로 삶은 달걀을 먹고 오후 일과가 끝나면 매일 같은 길을 따라 산책했다. 뮐리스는 극도로 조직적으로 작업했지만, 모든 사람이 이런 것은 아니다. 음악가 프레데리크 쇼팽

Frédéric Chopin은 자신의 방에 틀어박혀 몇 날 며칠을 자신이 작곡한 곡의 음표 하나하나를 분석하고 완성하느라 좌절하며 깃털 펜을 여러 개 부러뜨리며 격렬하게 흐느끼곤 했다. 쇼팽이 만족스럽게 악보 한 페이지를 완성하는 데는 6주가 걸렸다고 한다.

이런 사례는 비범한 사람들이 평생 따르는 일상적 의식의 몇 가지 사례에 불과하다. 영향력 있는 작가나 화가, 작곡가의 전기를 읽으면 더 많은 사례를 발견할 수 있다. 물론 일하기 전에 연필을 하나하나 깎고 종소리를 울리는 행동을 과제를 미루려는 핑계로 볼 수도 있지만, 이런 의식은 바로 완전한 집중 상태로 들어가는 데 필요한 행동이기도 하다. 사실 우리 모두에게는 어떤 식으로든 우리 뇌를 집중력과 연관시키는 종이 있다. 한밤중에 사람들을 불현듯 깨우는 비범한 순간에 대한 신화는 수없이 많지만, 훌륭한 책이나 그림 대부분은 길고 험난한 작업 시간과 고도의 집중력을 발휘한 기나긴 시간의 결과물이다.

집중하는데 왜 그렇게 많은 에너지가 필요할까

집중하는 데 왜 습관적인 의식이 필요할까? 집중하기 전 수행하는 이런 습관은 운동선수가 중요한 경기를 앞두고 집중하는 시간에 비유할 수 있다. 마음을 비우고 잠재적인 산만함을 무시하는 습관은 중요하다. 정신 배터리를 완전히 충전해야 하기 때문이다. 경기에서 이기는 것과 마찬가지로 오랜 시간 집중하려면 엄청난 노력이 필요하지만, 뇌에서도 집중력이 나와야 한다. 이런 현상을 잘 이해하려면 집중하는데 왜 그렇게 많은 에너지가 필요한지 알아야 한다. 오늘날 우리는 집중과 관련된 뇌 작용에 대해 훨씬 더 잘 알게 되었는데, 신기하게도 이 지식 대부분은 우리가 집중하지 않을 때 활성화하는 뇌 과정을 연구한 끝에 얻은 것이다.

MRI나 PET 스캐너 같은 뇌 스캐닝 장비를 이용한 실험 대부분은 뇌가 특정 과제를 하고 있을 때의 활성 패턴을 측정한다. 이런 실험을 통해 해당 과제를 할 때 이용하는 뇌세포를 확인할 수 있다. 지난 수십 년 동안 이루어진 가장 중요한 과학적 발견 중 하나는 휴식할 때 활성화되는 뇌 영역 네트워크인 '내정상태회로default network'다. 적극적으로 어떤 과제를 하지 않을 때의 뇌 상태다. 즉, 작업 기억이 비어 있을 때를 말한다. 지금까지 우리는 주로 주의력을 얻으려는 끝없는 싸움과 제한된 주의력 용량을 다뤘다. 하지만 우리는 하루 대부분을 주의력을 기울일 필요가 없는 일을 하며 보낸다. 샤워를 하고 매일 같은 길을 자전거로 출근하는 일은 내정상태회로가 활성화되는 활동이다.

잠시 멈춰 '네트워크'라는 용어를 생각해 보자. 우리는 보통 뇌를 각각 다른 기능을 하는 서로 다른 여러 영역으로 이루어진 기관으로 여긴다. 예를 들어, 실행 기능은 전두엽에서 이루어지고 기본적인 시각 인식은 후두엽에서 이루어진다. 하지만 오늘날 신경과학에서는 뇌를 영역보다는 네트워크 관점에서 생각한다. 어떤 기능은 뇌의 특정 부분에 한정되지 않고 서로 다른 영역이 상호 연결된 네트워크가 활성화되며 이루어진다. 당신이 사는 나라의 도로망을 생각해 보라. 도시마다 특성이 있기는 하지만 나라 전체가 하나로 기능하는 능력은 전체적으로 도시 사이를 이동할 수 있는 교통 속도에 달려 있다. 각 도시를 연결하는 고속도로망은 뇌의 각 영역이 서로 소통하는 길과 같다. (소도시와 마을은 여기에서 제외한 점을 이해해주길 바란다. 물론 여러분 모두가 소중하지만 이미 복잡한 문제를 더 복잡하게 만들고 싶지는 않기 때문이다.)

뇌에 대해 잘 알게 되자, 발음 문제 같은 언어 장애가 뇌의 특정 영역에서 오는 문제인 것과 달리 어떤 신경 장애는 이제 뇌의 특정 영역이 아니라 네트워크상의 의사소통에서 발생하는 문제라는 사실을 알게 되었다. 의사소통 문제는 특정 경로가 사라질 때, 즉 신경 도로망의 상태가 나빠지고 정보 전달 속도가 감소하기 시작할 때 발생한다. 알츠하이머 같은 신경질환의 합병증은 국소적 문제가 아니라 특정 신경 네트워크 사이의 소통 문제 때문에 발생한다. 알츠하이머는 의사소통이 방해받는 방식이 다른 형태의 치매와 다르다. 앞으로 뇌 여러 부분의 의사소통 상태에 대해 많은 것을 알 수 있게 되면 환자의 뇌파를 비교적 간단히 측정해 환자가 어떤 종류의 치매를 겪는지 확인할 수 있을 것이다.

뇌 활성을 확인하기 위해 오늘날 실험 참가자는 그저 뇌 스캐너 안에 누워 있기만 하면 된다. 과학자들은 이 '휴식 상태resting-state'를 측정해 쉬는 동안 뇌의 어떤 영역이 다른 영역과 소통하는지 볼 수 있다. 참가자가 어떤 활동을 하지 않는다고 해서 뇌가 비활성화 상태인 것은 아니다. 이때 뇌는 뉴런 그룹들 사이에서 일어나는 자발적인 활성화 패턴을 보이는데, 이 패턴을 서로 연관해 보면 다양한 네트워크는 물론 어떤 뇌 영역이 서로 연결되어 있는지, 또 이 연결이 얼마나 강한지 확인할 수 있다. 예를 들어 움직임을 제어하는 영역이 뇌의 양반구에 있다는 사실은 오래전부터 알려져 있었지만, 지금은 휴식하는 동안 양반구가 동일한 자발적 활성을 나타낸다는 사실을 확인해 이 영역들이 양반구를 가로지르는 경로를 통해 서로 강하게 연결되어 있다는 것을 알아냈다.

1929년, 뇌에서 전기적 활성을 기록하는 모니터링 장치인 EEG(electroencephalography)를 발명한 한스 베르거Hans Berger는 실험 참가자가 어떤 활동도 하지 않을 때도 뇌파가 멈추지 않는다는 사실을 밝혔다. 그의 이론은 진지하게 받아들여지지 않았고 이후에도 오랫동안 뇌 또는 뇌 일부는 과제를 수행할 때만 활성화된다고 여겨졌다. 베르거의 생각이 전적으로 옳았다는 사실이 증명된 것은 아주 최근인 2005년이다. 그해 세인트루이스 워싱턴대학교 의과대학의 마커스 라이클Marcus Raichle은 뇌가 아무것도 하지 않는 상황에 비해 어떤 활동을 할 때도 에너지를 고작 5퍼센트 더 쓸 뿐이라는 사실을 발견했다.

라이클이 내정상태회로를 발견한 것은 사실 운이 좋았기 때문이다. 이 발견은 잘못된 실험에서 나온 결과였기 때문이다. 표준 신경 측정 실험에서는 어떤 과제를 할 때(예를 들어, 글자가 자음인지 모음인지 확인할 때)의 활성과 대조 상황(참가자가 그저 글자를 보기만 할 때)의 활성을 비교해 과제를 하는 실험 상황의 활성에서 대조 상황의 활성을 '뺀다'. 이렇게 하면 특정 과제를 할 때의 뇌 영역만 남는다. 대조 상황은 최대한 실험 상황과 유사해야 뺄셈을 할 때 과제와 연관된 뇌 활성만 남는다.

하지만 어떤 단순한 실험을 하던 라이클은 적절한 대조 상황을 생각해내는 데 어려움에 빠졌다. 더 나은 아이디어를 떠올리지 못한 라이클은 그냥 실험 참가자가 아무것도 하지 않는 상황을 측정했다. 그다음 두 상황을 뺄셈하자 놀랍게도 과제를 수행할 때 더 활성화되지 않고 오히려 덜 활성화되는 네트워크가 발견되었다. 여러 번 측정했지만 같은 결과가 나왔다. 후측 대상 피질posterior cingulate cortex 같은 뇌의 특정 영역은 활성이 항상 감소한 것으로 나타났다. 라이클은 자신이 아주 놀라운 사실을 우연히 발견했다는 점을 깨달았다. 뇌가 활성화될 때 실제로 활성 수준이 감소하는 네트워크가 있다는 사실이다. 이후 신경 측정 중 나타나는 모든 네트워크 중에서 이 네트워크는 항상 존재하는(그래서 '디폴트default'라는 용어를 썼다) 네트워크라는 점이 밝혀졌다. 내정상태회로는 해부학적으로 말하면 서로 멀리 떨어져 있는 전두엽 및 두정엽의 여러 뇌 영역에 퍼져 있다. 이 발견은 혁명을 일으켰다. 2007년까지 '내정상태회로'라는 용어가 등장한 과학 논문은 12개에 불과했다. 2014년이 되자 1,384개로 치솟았다.

집중도가 떨어지면 내정상태회로는 다시 활성화된다. 뇌는 두 상태를 동시에 유지할 수 없다. 한 상태 아니면 다른 상태다. 뇌가 쉬면서 내정상태회로가 활성화된 상태이거나, 뇌가 활성화되어 과제를 할 수 있는 상태다. 이것이 집중하는 데 에너지가 그렇게 많이 필요한 이유다. 뇌는 외부 세계에서 오는 자극을 무시해야 할 뿐만 아니라 내정상태회로의 활성도 억제해야 한다. 특정 과제의 수행도와 내정상태회로의 활성 사이에는 상관관계가 있다. 내정상태회로가 억제될수록 수행도는 향상된다. 하지만 내정상태회로의 핵심은 무엇일까? 내정상태회로를 억제하는 데 이렇게 힘이 많이 든다면, 내정상태회로는 분명 무언가에 필요할 것이다. 그렇지 않은가?

몽상이 집중력에 좋은 이유

이 책을 읽는 동안에는 부디 그런 일이 없었으면 좋겠지만 당신은 아마도 책을 읽다가 갑자기 몽상에 빠지는 경우가 많을 것이다. 눈은 책을 가로질러 여기저기 이동하지만 정보는 처리되지 않는다. 대신 계획했던 휴가나 어제 간신히 해결한 논쟁을 떠올린다. 이 사실을 깨닫기도 전에 눈은 이미 페이지 끝에 도달해 있지만 읽은 기억은 전혀 없다. 몽상은 보통 책을 읽기 시작할 때보다 슬슬 읽기 지칠 때 (아마도 당신이 이 단락을 시작할 때쯤) 시작된다. 하지만 걱정하지 말라. 당신만 그런 것은 아니다.

과학계에서는 몽상을 매우 진지하게 받아들여, 더 정확하게는 '정신 방황mind wandering'이라 부른다. 이 영역에 관한 관심은 내정상태회로에 대한 관심과 비슷하게 진행됐는데, 이는 우연이 아니다. 몽상할 때 나타나는 신경 활동은 내정상태회로의 신경 활동과 상당히 비슷하다. 신경 측정 실험을 할 때의 대조 상황도 뇌가 아무런 과제를 하지 않는 상황이어서, 이때도 몽상이 시작된다. 생각이 자유롭게 흐르고 서로 다른 기억이 연관되도록 놓아둔다. 미국 철학자이자 심리학자인 윌리엄 제임스William James가 생각을 여러 방향으로 때로는 매우 강하게, 때로는 매우 약하게 흐르는 의식의 흐름이라고 묘사한 것은 유명하다. 몽상할 때는 완전히 잃어버렸다고 생각한 기억이 다시 표면에 떠오르거나 친구의 생일을 잊었다는 사실이 갑자기 떠오를 수도 있다. 일에 완전히 집중하고 있을 때는 일어나지 않는 일이다. 어떤 과제를 수행하는 동안에는 내정상태회로가 활성화되지 않는 것처럼 몽상과 복잡한 일을 동시에 할 수는 없다.

몽상은 언제나 우리가 전혀 예상치 못할 때 우리를 덮치려

기다린다. 지루한 강의나 회의에서, 또는 피곤해서 주의력을 잃으면 몽상에 빠진다. 물론 내가 강의를 하고 있을 때는 창밖을 내다보고 있는 학생 말고는 누가 몽상을 하는지 아닌지 알 길이 없다. 몽상에도 여러 기능이 있다. 미래를 계획하고 공감하고 사회적 맥락에서 자신의 역할을 떠올리기도 한다. 태평하게 자신에 대해 생각하거나 어떤 사건의 장기적 결과를 생각하다가 갑자기 약속을 잊었다는 사실을 깨닫는 것이 몽상이다.

우리는 실제로 깨어 있는 많은 시간을 몽상에 잠겨 보낸다. 하버드대학교 과학자들은 실험 참가자에게 하루 중 특정 순간에 무엇을 하고 있는지 묻는 앱을 개발했다. 이 기술을 '경험표집법experience sampling'이라 한다. 이 실험에서 연구자들은 특정 순간에 참가자가 행복하게 느꼈는지 질문했다. 연구자들은 첫 번째 연구에 참여한 무려 2,250명으로부터 약 25만 개라는 엄청난 양의 측정치를 모았고, 지금도 부가 데이터를 여전히 수집하고 있다(http://www.trackyourhappiness.org에서 이 앱을 다운로드 할 수 있다).

연구 결과에 따르면, 참가자들은 하루 중 47퍼센트를 해야 하는 일 대신 몽상을 하며 보냈다. 해야 하는 일이 아닌 다른 일을 생각하고 있다고 응답하면 참가자에게 그 생각이 행복한지,

중립적인지, 불행한지 물었다. 이후 《사이언스Science》에 이 논문이 발표되었을 때 놀랍게도 논문 제목은 "몽상은 불행하다A wandering mind is an unhappy mind"였다. 참가자들은 특정 활동을 할 때보다 몽상할 때 더 불행하다고 응답했다. 몽상할 때 하는 생각은, 우리가 일반적으로 몽상이라고 할 때 떠올리는 행복한 생각이 아니었다. 해변을 거닐며 해가 지는 모습을 바라보는 행복한 생각을 할 수도 있지만 이런 생각은 오히려 규칙을 벗어난 예외였다.

완벽한 삶을 추구한다는 면에서 하루라도 일하지 않을 수 있으면 행복할 것이라 믿는 사람들에게는 상당히 흥미로운 결과다. 행복은 상대적인 개념이고 측정하기 어려우며, 실험군이 전체 사람을 대표한다고 볼 수도 없으므로 해석은 열려 있지만, 몽상할 때보다 일에 완전히 집중할 때 더 행복하다고 볼 수 있는 가능성은 상당하다. 이런 결과는 지금 마음을 사로잡은 행동에 집중해 '현재에 충실'하라고 조언하는 여러 이완 요법에서도 발견할 수 있다. 앞서 언급한 연구는 이런 기법에 힘을 실어 준다. 과학자들이 간단명료하게 결론지었듯, "사람은 몽상하고, 몽상은 불행하다." 이 연구에서 부가적으로 얻은 예상치 못한 발견은 참가자들이 사랑을 나눌 때는 아주 행복하다고 느끼고 그때는 거의 몽상을 하지 않는다고 보고한 것이다. 참가자들이 침대 속에서 바쁠 때도 과학이라는 이름으로 스마트폰을 이용해 정보를 보냈다는 점을 고려하면 이 결과는 한층 두드러진다.

몽상에 얼마나 많은 시간을 소비하는지는 사람에 따라 개인차가 크다. 교실 창문 너머 먼 곳을 바라보는 아이의 모습은 금방 상상할 수 있다. 당신 역시 몽상가일지도 모른다. 집중력의 이점에 대한 지식을 바탕으로 본다면, 과제 수행력에 몽상이 부정적인 영향을 줄 수 있다는 사실에 놀라지 않을 것이다. 하지만 평균적으로 몽상을 많이 하는 사람은 작업 기억 용량이 낮고 IQ 점수도 낮다는 사실에는 놀랄지도 모른다. 하지만 여기서 상관관계를 논하고 있다는 점은 반드시 기억하자. 몽상과 낮은 지능 사이에 강한 상관관계가 있기는 하지만 몽상이 꼭 낮은 지능으로 이어지는 것은 아니다. 집중을 유지하려면 좋은 작업 기억이 필요하다. 집중할 때 내정상태회로를 억제해야 한다는 사실은 집중력을 잃고 몽상에 빠지기 시작하면 자동으로 다시 내정상태회로가 활성화된다는 의미다. 사실 집중력이 낮아질 때 발생하는 몽상은 주변 환경에 대한 인식도 떨어뜨려 운전할 때와 같은 상황을 매우 위험하게 만든다. 주변 환경에 대한 인식

저하는 '지각 탈동조화perceptual decoupling'로 알려져 있는데, 이는 감각적 인식이 외부 세계와 단절된다는 의미다.

또 다른 훌륭한 몽상 실험에서 연구자들은 실험 참가자에게 어떤 과제를 하는 특정 순간에 그 과제에 실제로 집중하고 있는지 아니면 마음이 완전히 다른 데 가 있는지 질문했다. 실험 결과에 따르면 집중력이 저하되었을 때는 실수도 가장 잦았다. 하지만 몽상의 미로에서 벗어날 수 있는 길도 있었다. 바로 보상을 받을 가능성이다. 참가자에게 성적이 좋으면 보상을 준다고 말하면 성적이 오를 뿐만 아니라 몽상도 줄었다. 따라서 다음에 과제에 완전히 집중하고 몽상을 피해야 한다면 자신에게 보상을 준다고 약속해 보자.

그러면 몽상은 항상 나쁠까? 어떤 과학자들은 몽상에 매우 중요한 기능이 있다고 생각한다. 주변 세상에 덜 몰두하면 자신에게 초점을 맞추고 미래를 계획하기 쉽다. 사람들에게 무엇에 대해 몽상했는지 질문하면 대부분은 '자전적 계획autobiographical planning'으로 알려진 개인적 문제라고 대답한다. 특히 집중해야 할 과제가 그다지 중요하지 않거나 많은 주의를 기울이지 않아도 될 때 이런 자전적 생각은 여러 이점을 갖는다.

몽상의 또 다른 이점은 양치하는 것보다 더 지루한 과제를 좀 더 즐겁게 만들어 준다는 점이다. 실험 참가자에게 아주 지루한 일을 45분간 하라고 하면 전보다 덜 행복하다고 느낀다. 하지만 과제 중 몽상을 하면 행복감 저하가 덜했다. 지루함을 덜어내는 잠재적 해결책이 된다는 사실은 보통 몽상의 기능 중 하나다. 뇌는 항상 무언가를 하는 기계다. 그렇다면 할 일 없이 그저 시간을 보내고 있을 때 몽상을 하면 생각이 우리를 상상의 미래로 잠시 데려갈 수 있다.

앞서 언급한 몽상의 기능과 관련해 최근에는 다소 변화가 일어났다. 스마트폰이 등장하면서 더는 지루할 일이 없어진 것이다. 기분전환은 항상 우리 손에 있다. 하지만 이런 변화는 과학적 연구 주제가 되지 못한다. 시간을 돌려 과거로 돌아갈 수 없으므로 기본적으로 그럴 수도 없다. 하지만 핸드폰이 등장하면서 우리가 전보다 몽상을 덜 하게 되었다고 결론 내리는 것은 그렇게 말도 안 되는 주장은 아니다. 핸드폰을 통해 너무 많은 자극을 받는 탓에 오늘날 우리는 거의 몽상하지 못한다. 사실 스마트폰으로 소셜 미디어를 따라가는 일은 집중과 몽상 사이의 일종의 불모지다. 이때 우리는 일에 완전히 집중할 수 없고,

대신 어떤 실제적 행동을 취하지 않고 모든 정보와 자극이 우리를 덮치도록 그저 놓아둔다. 그러면서 모든 정보를 처리해야 하므로 몽상은 하지 못한다. 몽상이 여러 중요한 기능을 한다는 점을 보면 때로 지루함을 느끼도록 놓아두고 스마트폰을 잠시 내려놓는 것도 좋은 생각이다.

흔히 몽상의 가장 중요한 기능 중 하나는 창의력을 자극하고 새로운 생각이 샘솟게 하며 복잡한 문제를 해결할 시간을 주는 것이다. 바로 무의식의 힘이다. 집중력과 창의력을 다룬 책들은 보통 독자들에게 몽상하고 아이디어가 저절로 솟아나도록 놓아두라고 조언한다. 몽상할 때 무의식이 문제를 해결해 준다는 이론에서 나온 조언이다. 사실 문제를 의식적으로 해결하려 하기보다 무의식에 그대로 놓아두는 편이 나을 수 있다. 이는 소셜 미디어의 또 다른 중요한 문제점을 지적한다. 몽상을 덜 하면 창의력이 낮아진다는 것이다. 하지만 정말 그럴까? 일하는 도중 잠시 쉬고 나중에 다시 돌아와 맑은 정신으로 문제를 해결하는 편이 좋은 생각이라는 데는 의심의 여지가 없다. 하지만 쉬는 동안 여러 무의식적 과정이 문제를 해결하기 위해 바쁘게 움직인다는 주장은 어떤가?

무의식의 힘에 대한 이런 주장은 심리학자인 업 다이크스터하이스Ap Dijksterhuis의 발견에 근거를 두고 있다. 그는 무의식이라는 주제에 대해 여러 영향력 있는 과학 서적과 논문을 썼다. 인간의 뇌에 대해 이미 알려진 사실과 비교해 볼 때 그의 발견은 놀랍다. 계산과 추론 기능은 작업 기억의 영역으로 집중이 필요한 기능이다. 작업 기억은 뇌의 모든 정보가 한데 모이고, 정보를 생각할 때 필요한 도구가 놓여 있는 곳이다. 이 정보는 우리가 인식하는 정보다. 이런 정의에 따르면 '무의식적 사고 unconscious thinking' 같은 것은 있을 수 없다. 하지만 결국 다이크스터하이스의 말은 의식적 작업 기억만큼 강력한 '무의식적' 작업 기억이 있다는 의미다. 최근 몇 년간 다이크스터하이스와 동료들의 발견은 철저한 조사를 받았다(아래 내용 참고).

그다지 현명하지 않은 '무의식적 마음'

업 다이크스터하이스는 의식적 과정이 단순한 선택을 할 때는 좋은 결과를 가져오지만 어떤 차를 새로 사야 하는지 같은 좀 더 복잡한 선택에서는 무의식에 맡기는 편이 더 낫다고 주장한다. '주의를 기울이지 않는 심사숙고 가설deliberation-without attention hypothesis'이다. 어떤 차를 사야 하는지 알고 싶다면 그냥 몽상을 시작하라. 그러면 뇌가 알려줄 것이다. 단번에 무의식에서 답이 떠내려올 것이다. 우리가 흔히 비이성적인 선택을 하고 최선의 해결책을 고르지 않는다는 점은 말할 필요가 없다. 그래서 무의식이 결정을 더 잘한다는 이런 주장은 상당히 매력적으로 느껴진다. 작업 기억의 용량은 한정되어 있으므로 복잡한 암산 같은 과제는 어렵게 느껴진다. 하지만 무의식으로 이런 계산을 풀 수 있을지는 심히 의문이다.

다이크스터하이스는 한 실험에서 실험 참가자에게 네 종류의 자동차에 대한 정보를 읽게 했다. 각각의 차에 대해 네 가지에서 열두 가지의 기능을 설명했다. 한 차는 기능 대부분에서 매우 높은 점수를 받았고(분명 제일 나은 선택이다), 다른 차들은 훨씬 낮은 점수를 받았다. 의식적 선택 상황의 참가자들에게는 차를 고를 수 있는 시간을 4분 주었다. 무의식적 선택 상황의 참가자들은 4분 동안 어려운 퍼즐을 여러 개 풀었다.

실험 결과는 '주의를 기울이지 않는 심사숙고 가설'과 일치했다. 자동차의 기능에 대한 정보를 네 가지만 주었을 때 의식적 선택 상황 참가자들은 무의식적 선택 상황 참가자들보다 가장 좋은 차를 더 자주 골랐다. 하지만 자동차의 기능에 대한 정보 열두 가지를 주어 선택을 어렵게 만들자 결과는 정반대로 나타났다. 이 경우 무의식적 선택 상황의 참가자들이 가장 좋은 차를 골랐다. 이케아에서 구매하기(고르기 어려운 가구 선택)나 유명 백화점에서 구매하기(고르기 쉬운 옷 선택) 같은 상황을 설정한 다른 연구 결과도 이 가설을 지지했다. 백화점에서 심사숙고해서 옷을 고른 소비자들은 충동적으로 옷을 산 소비자보다 몇 주 후 훨씬 만족했다. 이케아에서는 결과가 정반대였다. 충동적으로 가구를 산 소비자는 신중하게 가구를 고른 소비자보다 훨씬 만족했다.

내 말투에서 이미 이 실험에 대한 냉소가 드러났을지도 모르지만, 이 결과는 불확실한 '사실'에 근거했을 뿐만 아니라 재현하기도 어렵다. 2015년, 마르크 니우엔스테인Mark Nieuwenstein 연구진은 다이크스터하이스 연구진의 실험과 같은 결론을 도출할 수 있는지 알아보는 대규모 실험을 수행했다. 원래 다이크스터하이스의 연구는 실험군이 너무 작았기 때문에 니우엔스테인 연구진은 실험군을 열 배로 늘렸다. 이외에도 니우엔스테인 연구진은 다이크스터하이스의 실험과 정확히 같은 자동차 기능 정보와 주의를 돌리는 방법을 사용했다. 연구진은 참가자 399명에게서 수집한 자료를 바탕으로 조사했지만 원래의 실험 결과와 비슷하기라도 한 효과를 전혀 발견하지 못했다. 또한 니우엔스테인 연구진은 이 가설을 지지하거나 반박하는 증거를 발표한 다른 연구를 모두 분석해, 이 이론을 지지하는 연구들은 역시 실험군이 아주 작아 결과의 신뢰성이 부족하다고 결론 내렸다.

다이크스터하이스의 이론을 지지하는 연구에는 다른 문제도 있었다. 연구자들은 자동차의 긍정적 기능을 구성하는 요인을 분명히 자의적으로 결정했고(예를 들어, 컵걸이가 있다는 점을 연비가 좋다는 점과 동등하게 중요한 기능으로 간주함), 어떤 차를 사는 것이 좋을지를 학생들에게 물었으며, 의식적 선택 상황의 참가자에게는 선택을 고려할 시간을 너무 많이(열여섯 가지 기능에 대해 4분) 주었다. 같은 기능을 고려해 판단하게 하는 다른 연구에서는 참가자들이 4분보다 훨씬 적은 30초 만에 결정을 내릴 수 있었는데도 말이다. 이는 다이크스터하이스의 실험 결론이 참가자들에게 생각할 시간을 너무 많이 준 것에 따른 부정적인 결과 때문이지 무의식적 결정을 내리는 능력 때문은 아니라는 사실을 보여준다.

이 모든 일은 앞선 연구에서 나온 발견을 재현하기는 어렵다는 사실이 분명해진 오늘날 사회 심리학을 괴롭히는 재현 위기를 보여주는 징후다. 나는 이런 현상이 꼭 예전의 연구가 흔히 불공평하게 붙는 죄목처럼 사기라는 뜻은 아니라는 점을 강조하고 싶다. 말하고 싶은 것은 실험군 수 같은 특정 연구 설계에 문제가 있다는 점이다. 나는 어떤 경우에도 이런 실수에서도 배울 수 있다는 교훈을 얻기를 바란다. 이것이 과학이 발전하는 가장 좋은 방법이고, 지금 사회 심리학은 분명 더 나은 방법과 통계 분석을 사용하는 선두주자 중 하나다. 과거에 언론이 발표했고 창의력 이론과 연관해 중요한 역할을 했던 이 주장이 사실 잘못되었고 더 보강이 필요하다는 사실을 과학계 바깥의 사람들이 알게 된다면 또한 큰 도움이 될 것이다. 도움이 될지 모르지만 내 생각은 이렇다. 무의식에 기댄다고 의식을 이용할 때보다 더 좋은 선택을 할 수는 없다. 우리가 얼마나 비이성적이든, 결론에 이르려면 의식적으로 생각해야 한다. 그것이 사실이다.

업 다이크스터하이스가 자신의 이론을 계속 옹호하고 재현이 실패할 때마다 잘못된 과제를 사용했기 때문이라고 주장하고 있다는 점을 지적해야겠다. 우리가 말할 수 있는 것은 그의 이론이 오직 특정한 상황에서만 작동한다는 점이다.

내 생각에는 정신이 잠시 쉬는 동안 뇌가 문제를 스스로 해결할 수 있다는 사실을 암시하는 증거는 없다. 하지만 사고 과정을 다시 시작하면 신선한 관점에서 문제에 접근할 수 있다.

잠시 정신적으로 휴식을 취하면 긍정적인 영향을 받을 수 있으므로, 중요한 결정을 내려야 할 때면 우리는 '일단 잠을 자 두라'라는 조언을 흔히 듣는다. 주의를 전환하면 다른 관점에서 문제에 접근할 시간을 얻을 수 있고 다른 결론에 도달할 수도 있다. 때로 한 가지 세부에만 너무 집착할 수도 있으므로 정신적으로 휴식을 취하면 잠시 멈춰 뒤로 물러나 다시 생각해 볼 수도 있다. 어제 전시장에서 본 차의 색깔에 몹시 끌렸을지도 모르지만, 하룻밤 자고 나면 실내장식이 전혀 당신의 취향이 아니라는 사실을 깨닫게 될 수도 있다. 그 사이에 마법 같은 일이 일어난 것은 아니지만 신선한 관점을 얻는다는 이득을 얻은 것이다. 몽상에 잠기는 시간은 앞서 언급한 '테크 브레이크'처럼 정신 배터리를 충전하는 데 도움을 줄 수 있다. 뇌는 내부와 외부에서 끊임없이 퍼부어지는 모든 자극을 무시하는 데 지친다. 그렇다면 정신적으로 휴식을 취하는 동안 무엇을 해야 할까? 스마트폰을 만지작거리는 편이 좋을까? 산책하러 가는 편이 좋을까?

정신 배터리를 충전하는 방법

베토벤은 습관을 철저히 지키는 사람이었다. 아침 식사로는 항상 60알의 커피콩으로 만든 커피 한 잔을 마셨다. 60이 최고의 커피 한 잔을 만드는 완벽한 숫자라고 믿었던 베토벤은 신중하게 커피콩 수를 세었다. 그다음 책상에서 작곡하고 긴 산책을 했다. 유럽 다른 곳에서는 철학자 볼테르가 매일 오후 차로 근처를 돌아다녔고, 화가 호안 미로Joan Miró는 주로 스페인의 해변 마을인 몽로이그 델 캄프Mont-roig del Camp에서만 일했다.

위대한 철학자나 예술가들이 집중하기 위해 자연을 찾는 이유가 있을까? 한 가지 가능한 설명은 '주의회복이론(ART, Attention Restoration Theory)'이다. 이 이론은 우리가 놓인 환경이 주의력이 충전될 수 있는 정도를 결정하며 자연은 주의력을 충전할 최적의 장소라고 주장한다. ART는 자연이 그 자체로 치료의 한 형태라고 주장하기까지 한다. 부작용도 없고 완전 공짜다!

그렇다면 이 주장은 진실일까? 앞서 살펴보았듯 주의력에는 두 종류가 있다. 외부 세계의 정보에서 오는'비자발적 주의력'과 우리의 목표나 주어진 시간에 우리에게 중요한 것에서 오는 '자발적 또는 집중적 주의력'이다. 자발적 주의력은 집중력을 결정한다. ART의 이면에는 자연 속을 걸으면 자발적 주의력이 회복된다는 생각이 깔려 있다. 자연은 석양이나 멋진 풍경처럼 본질적으로 매우 흥미로운 정보로 가득 차 있다. 이 정보는 우리의 자발적인 주의에 어떤 직접적인 행동도 요구하지 않는다. 게다가 자연 속에서는 비자발적 주의력도 광고나 교통 상황 또는 다른 사람들 때문에 끊임없이 주의가 분산되는 도시 환경에서보다 훨씬 덜 부담받는다. 도시에서는 길을 찾고 다른 방해물을 피하는 데 집중적 주의력을 훨씬 많이 써야 한다. 다시 말해 자연 속을 걸을 때는 도심을 돌아다닐 때보다 자발적 주의력이 덜 필요하다. 자연에서는 주변을 거닐면서 모든 것을 받아들일 수 있고(아마 정글은 제외겠지만), 다른 정보를 모두 무시하려 애쓰지 않고 눈이 닿는 것에 주의를 쏟도록 놓아둘 수 있다.

그래서 산책은 수행도 향상에 유익하고, 심지어 기억 같은 여러 주의력과 연관된 모든 활동도 개선할 수 있다. 그렇다고 깊은 산속에서 하이킹할 필요도 없다. 그저 자연의 이미지를 보는 것만으로도 같은 결과를 얻을 수 있다. 꼭 날씨가 따뜻해야 하는 것도 아니다. 꽁꽁 어는 듯한 추운 겨울에도 같은 효과를 거둘 수 있다.

이런 결과는 수행도 향상을 목표로 하는 훈련 프로그램에 흥미로운 영향을 미친다. 집중이 필요한 모든 활동이 대부분

그렇듯 완전히 주의를 기울여야 하는 과제를 한다고 치자. 당면한 과제를 하기 전에 교통체증에서 간신히 빠져나왔다면 숲속을 오래 산책하고 막 돌아왔을 때보다 수행도는 훨씬 나쁠 것이다. 시험을 앞두고 있다면 분명 염두에 둘 만한 일이다. 기차가 연착되어 고사장에 허겁지겁 뛰어 들어오는 학생은 상쾌한 마음으로 정시에 입장한 학생보다 집중하는 데 훨씬 어려움을 겪는다.

ART는 아이들의 학습 환경 개선에 대해 흥미로운 통찰을 제공한다. ADHD를 겪는 아이들은 20분 동안 도심을 걸을 때보다 공원에서 산책한 후에 더 쉽게 집중한다. 이 연구에서 밝혀진 개선 효과는 ADHD를 겪는 아이들에게 많이 처방되는 약인 메틸페니데이트methylphenidate(리탈린Ritalin®)의 효과에 비할 만하다. 따라서 자연 속 학교가 도시에 있는 학교보다 아이들의 집중력에 더 좋을 수 있다. 창밖으로 자연을 볼 수 있기만 해도 집중력에 좋다. 우울증을 앓는 사람에게 미치는 자연의 긍정적인 효과를 생각해 본다면 베토벤이 다음 작품을 쓰러 자리에 앉기 전에 왜 산책을 즐겨 했는지 쉽게 알 수 있다.

집중력은 훈련할 수 있다

작업 기억에 과제를 저장하려면 침입하는 다른 정보를 모두 무시해야 한다는 점은 이미 살펴보았다. 나이트클럽 입구에서 환영받지 못하는 손님이 들어오지 못하게 막는 문지기를 떠올려 보자. 어느 순간 문지기가 지치면 과제가 작업 기억에서 사라진다. 문지기뿐만 아니라 우리 모두에게도 좋은 소식은 집중력을 훈련할 수 있다는 점이다. 심리학자인 K. 안데르스 에릭슨 K. Anders Ericsson은 훌륭한 리뷰 논문에서 바이올린 연주 같은 복잡한 과제처럼 극도의 전문성을 다룬 여러 사례를 인용한다. 에릭슨에 따르면 바이올린을 배우기 시작할 때는 효과적으로 연습할 수 있는 시간이 하루 최대 한 시간 정도다. 더 연습한다고 더 배울 수는 없다. 하지만 경험이 쌓이면 더 오래 연습할 수 있다. 이 논문에서 에릭슨은 베를린예술대학교의 바이올리니스트들을 언급했다. 이 재능 있는 음악가들은 하루 최대 4시간을 보통 두 번에 걸쳐 연습했다. 다른 전문 분야에서도 같은 방법을 찾을 수 있다. 특정 기술을 위해 특별한 재능이 필요하다는 이야기는 일부에 불과하다. 수준 높은 기량을 발휘하는 운동선수나 음악가도 열심히 훈련한다. 점점 더 오랜 시간 동안 최고의 수행도를 꾸준히 유지하는 법을 배우는 것이 비법이다. 연습하지 않으면 훌륭한 바이올리니스트가 될 수 없는 것처럼 집중력이 필요한 모든 과제도 마찬가지다. 한동안 공부하지 않았다면 오랫동안 열심히 공부하는 능력도 줄어든다. 그렇게 되면 전문성을 다시 쌓기 위해 훈련 프로그램을 거쳐야 할 것이다. 높은 수준에서 특정 기술을 수행하는 능력을 갖추는 것뿐만 아니라 더 긴 시간 동안 높은 수준의 수행력을 갖는 것도 마찬가지로 훈련이 필요하다.

몇 시간이고 계속 쉬지 않고 일한다고 원하는 결과가 나오는 경우는 사실 드물다. 바이올린 연주 같은 고난도 기술의 경우 하루 4시간 이상 연습하는 것은 큰 의미가 없다. 어떤 이들에게는 다행이라 생각될 수도 있지만 다른 이들에게는 4시간이나 집중력을 유지하는 것이 아주 먼 이야기로 들릴 수도 있다. 특히 일상이 회의나 잡다한 여러 활동으로 가득 찬 경우에는 더욱 그렇다. 내가 4시간 이상 일에 집중할 수 있는 것은 대학에서 주변에 학생들이 적은 여름 동안만이다. 그래서 나는 학기 중에는 일부러 몇 시간을 일정에 넣어 도서관의 학생들 틈에서 평화롭고 조용하게 연구하는 시간을 보내곤 한다.

집중력이 훈련할 수 있는 문제라는 사실은 틀림없지만, 스마트폰으로 과제를 수행해야 하는 주의력 향상 훈련 프로그램을 제공하는 앱은 피해야 한다. 이런 프로그램의 단점은 주의력 향상 효과가 프로그램에서 정한 것 이외의 상황에는 적용되지 않으며 앱을 사용하지 않을 때는 훈련이 쓸모없다는 점이다. 앱에서 점수를 올리면 쾌감을 느낄지는 모르지만 현실에서는 그다지 도움이 되지 않을 것이다. 이런 현상을 보여주는 좋은 예는 BBC의 유명한 과학 프로그램인 〈이론 따위 날려버려Bang Goes the Theory〉의 높은 시청률을 이용한 대규모 실험이다. 18세에서 60세 사이 5만 2,617명 이상의 참가자가 6주 동안 인터넷 연구에 참여했다. 연구자들은 그전에 참가자의 주의력을 포함한 다양한 인지 기능을 시험했다. 이 시험은 참가자의 인지 기능을 지도 그리고 참가자의 향상도를 모두 기록했다. 연구자들은 실험군에게 매주 3회 10분 동안 여섯 개의 훈련 과제를 완료하도록 했다. 잘하면 과제는 점점 어려워졌다. 과제 중 하나는 특히 주의력에 중점을 두었고 다른 하나는 기억이나 추론 같은 인지 기능과 관련 있었다. 대조군도 컴퓨터에서 시간을 보냈지만 훈련 효과가 있는 과제는 하지 않았다.

연구자들은 6주 후 훈련을 마친 참가자 중 1만 1,430명의 주의력을 다시 측정했다. 특별히 주의력에 중점을 둔 프로그램을 포함해 어떤 훈련 프로그램도 실제로 주의력을 향상하지는 못했다. 따라서 시험군이 대조군보다 훈련 과제를 더 잘했지만, 이 훈련의 효과는 다른 주의력 과제로 일반화되지는 않았다. 즉, 공부나 일과 관련해 주의력을 향상할 유일한 방법은 그저 더 공부하거나 일하는 것뿐이다. 그 과정에서 실제 과제도 완수할 수 있을지 누가 알겠는가.

명상의 가치

명상이라는 주제를 좀 더 자세히 살펴볼 필요가 있다. 특히 요즘 명상이 집중력 향상에 도움이 된다고 주장하는 과학 연구의 수를 고려하면 더욱 그렇다. 많은 명상 훈련의 목적은 긴장을 풀고 내면의 정신적 과정에 자발적 주의를 집중하도록 돕는 것이다. 하지만 명상의 정확한 정의를 내리기는 어렵다. 명상은 단일한 유형의 훈련이 아니라 다양한 기술의 집합을 나타내는 용어이기 때문이다. 많은 현대 명상 기술은 수천 년 전의 불교 전통으로 거슬러 올라간다.

집중과 관련된 여러 명상 기술이 있는데, 여기에는 특정 대상에 자발적 주의를 오랫동안 집중하는 '주의집중 명상focused attention meditation'도 포함된다. 이 대상은 꽃병 같은 실제 사물이나 상상의 물체 또는 그저 호흡 같은 것일 수도 있다. 핵심은 주의력을 계속 주시하고 초점을 유지하는 것이다. 이렇게 하면 주의력을 훈련할 수 있다. 생각이나 소리처럼 침입하는 정보는 무시해야 하며, 할 수 없다면 즉시 '침입자'로부터 주의력을 떼어 다시 한번 주요 대상에 집중해야 한다. 집중력과 연관된 효과는 즉시 분명해진다. 공동 사무 공간에서 일할 때 산만해지지 않고 싶다면 바로 이 기술을 이용해 보자. 더 열린 종류의 다른 명상 기법은 하나의 사물이 아니라 우리가 보고 듣고 느끼는 모든 것에 반응하지 않고 주의를 집중하는 것이다. 두 종류의 명상 모두 주의력 훈련에 이용될 수 있다.

이런 '모든 종류의' 명상 훈련이 집중력에 좋다고 주장하는 것은 결코 허황된 말은 아니다. 이런 명상 훈련은 가상의 레이선(ley line, 고대에 종교적 또는 문화적인 장소, 지형, 구조물이 나타내는 배열로 종교적이거나 신적 중요성이 있다는 성스러운 선 — 옮긴이)이나 사이비 과학적 믿음과는 아무 관련이 없고, 전적으로 명상이 집중력 훈련에 도움이 된다는 생각에 기반을 두고 있다. 평소 명상을 하는, 아무 방해가 없는 평화로운 장소를 상상하기만 하면 된다. 바쁜 장소에서도 명상할 수 있는 것은 경험이 풍부한 명상가뿐이다. 물론 명상에도 다른 이점이 있지만 나는 명상이 주의력에 주는 이점에 초점을 맞추고 있다. 지금은 다른 것은 모두 무시하겠다. 더할 나위 없는 젠Zen 스타일이지 않은가.

이 오래된 훈련법의 긍정적 효과를 조사하는 연구가 진지하게 실시된 것은 15년 정도밖에 되지 않았다. 이런 연구에 참가하는 사람들은 때로 몇 달씩이나 집중 명상 수련회에서 훈련하기도 한다. 훈련은 때로 하루 10시간에 이르는 명상으로 이루어진다. 덜 집중적이지만 여전히 매주 수 시간의 명상을 하는 연구도 있다. 하지만 이런 연구의 효과가 지닌 분명한 한계를 지적해야겠다. 바로 이런 실험에 참여하는 사람들의 부류다. 참가자는 이전에 명상 훈련을 한 경험이 없어야 하지만 이런 실험에 자발적으로 참여할 정도로 어느 정도의 관심은 분명 있어야 한다. 결과적으로 이 연구들은 명상에 전혀 관심이 없는 사람은 포함하지 않기 때문에 명상이 모두에게 긍정적인 효과가 있다고 결론 내릴 수는 없다.

하지만 명상 연구가 집중력과 관련해 긍정적인 결과를 낸다는 사실을 부정할 수는 없다. 아직 많은 시험 참가자를 대상으로 한 연구는 별로 없지만(단순히 비용 문제 때문이다), 집중 훈련에 참여한 적이 없는 참가자는 명상 훈련을 한 후 집중력 측정 과제에서 더 좋은 점수를 얻었으며, 앞서 설명한 두 종류의 명상 모두에서 같은 결과가 나타났다. 맥워스의 지루한 시계 실험을 다시 떠올려 보자. 그런 과제의 수행력이 하루 5시간 세 달간 명상하면 분명 향상된다는 것이다.

명상하는 대신 석 달 동안 맥워스의 시계를 바라보는 연습을 하면 같은 효과를 거둘 수 있지 않을까 궁금할 수도 있다. 그럴 수도 있지만 앞서 언급했듯 많은 훈련 프로그램의 문제는 결과의 범위가 제한적이라는 점이다. 어떤 퍼즐을 반복해서 풀면 더 잘하게 되겠지만 다른 퍼즐도 잘 풀게 된다는 사실을 자동으로 의미하지는 않는다. 기억력으로 유명한 런던 택시 운전사들은 도시의 거리를 기억하는 놀라운 능력을 지녔지만 다른 기억 과제는 잘하지 못한다. 사실 훈련의 결과가 다른 활동에도 적용되는 훈련 프로그램은 거의 없다.

하지만 명상은 이런 규칙의 예외로 보인다. 실험 참가자는 명상이 필요하지 않은 과제를 수행할 때도 더 잘하게 된다. 암스테르담대학교의 헬린 슬라흐터Heleen Slagter는 이런 형태의 훈련이 왜 그렇게 효과가 있는지 설명하기 위해 명상의 특성을 목록으로 만들었다. 하지만 이 특성은 명상의 전유물은 아니며, 음악 수업처럼 비슷한 특성을 갖는 다른 훈련에서도 비슷한 긍정적인 효과를 볼 수 있다. 다음의 목록을 보자.

1. 훈련의 맥락

명상에는 여러 과정이 있다. 주의집중 명상을 할 때는 한 가지 사물에 오랫동안 주의를 기울여야 하고 다른 방해물은 모두 무시해야 한다. 이런 방법은 다른 주의력 요소를 훈련하는 데도 도움이 된다. 일상에서 최적의 수행도를 내려면 보통 주의력의 여러 측면을 동시에 활용해야 하기 때문이다.

2. 과제의 변동성

많은 명상법이 각 훈련에서 서로 다른 대상에 주의를 집중한다. 방 안의 사물일 수도, 생각이나 느낌일 수도 있다. 이런 방법은 같은 과제에서 발생하는 여러 변동성을 훈련하는 데 도움이 된다.

3. 훈련하는 인지 과정 및 주의력의 종류

이 책과 내 전작에서 분명하게 드러났겠지만 우리가 매일 수행하는 많은 과제에는 주의력이 필요하다. 따라서 주의력 훈련은 다양한 활동에 큰 도움이 될 수 있다.

4. 과제의 난이도

과제를 잘할수록 과제가 어려워지면 훈련이 특히 효과를 보인다. 이렇게 하면 훈련 과정 중 도전이라는 요소를 유지할 수 있다. 명상 선생님은 점점 더 복잡한 형태의 명상을 지도할 수 있다.

5. 학생의 각성

앞서 살펴본 것처럼 집중을 잘하려면 적절한 각성 수준이 필요하다. 너무 많아도, 너무 적어도 안 된다. 명상의 요령은 열정이 과하지 않도록 억제하면서도 동시에 잠들지 않는 것이다.

6. 훈련 기간

실험 참가자가 참여하는 훈련 프로그램은 매일 긴 과정으로 구성되며 수개월 지속된다. 학생들이 그렇게 오래 따라할 수 있는 다른 훈련은 없다.

명상은 몽상가에게 좋은 해결책을 준다. 여러 실험에서 참가자는 오랜 시간 명상 훈련을 한 후에 몽상을 덜 했다. 명상을 통해 내정상태회로를 오랫동안 억제해 오래 집중하는 능력을 향상할 수 있다. 명상 연구는 아직 걸음마 단계이며 극복해야 할 장애물도 많지만 극복할 수 없는 것은 없어 보인다. 명상 연구는 심지어 게임 자체와 무관한 활동에도 이용되는 기술을 다루는 컴퓨터 게임 개발에도 도움을 줄 수 있다.

접속 끊기

집중력을 날카롭게 유지하는 한 가지 방법은 무엇을 하든 그 일에서 잠시 휴식을 취하는 것이다. 이렇게 하면 업무에 좋은 영향을 줄 수 있다. 미국 유명 컨설팅 회사인 보스턴컨설팅그룹 Boston Consulting Group이 수행한 연구에 따르면, 어떤 직원들은 업무 시간 외에도 고객이나 동료의 질문에 즉시 응대하는 것이 중요하다고 여기며 일주일에 최대 25시간 이메일을 주시하고 있던 것으로 드러났다. 이 회사는 직원들이 새로운 이메일이나 음성 메시지를 확인할 수 없는 의무 휴식 시간을 설정하는 실험을 했다. 이 시간은 업무 시간 내외와 관계없이 새로운 프로젝트를 시작할 때 계획의 일부로 포함되었다.

실험은 매우 혁신적이었다. 처음에 직원들은 말 그대로 강제로 쉬었다. 직원들은 마감이 코앞일 때 특히 힘들어했다. 첫 번째 실험에서 직원들은 매주 하루씩, 특히 주 중반에 이 의무 휴식 시간을 가졌다. 이렇게 하면 직원들이 근무 시간의 80퍼센트만 사용하게 되므로 근무 시간을 원래 수준으로 유지하려면 추가 팀원을 뽑아야 했다. 처음에는 많은 저항에 부딪혔다. 이 프로젝트에 참여하는 것이 경력에 좋지 않다고 생각하는 직원도 있었기 때문이다. 하지만 실험은 큰 성공을 거두었고 참여하려는 열의도 올라가 두 번째에는 더욱 광범위한 실험으로 이어졌다.

두 번째 실험에서는 여러 팀에서 야근 없는 저녁을 일정에 넣었다. 공백을 메울 추가 인력 채용은 없었다. 다른 날 저녁에도 쉴 수 있었지만 정해진 날 저녁에는 야근은 절대 금지였다. 직원들은 다음날 상쾌하게 출근했고 빨리 일하고 싶어 했다. 설문지에서 직원들은 팀 내 의사소통이 개선되었고 일과 사생활 사이의 균형에 더욱 만족하게 되었다고 응답했다. 심지어 업무 결과가 현저히 나아졌다고도 주장했다. 고객을 만족시키려고 연중무휴로 대기할 필요가 없다는 사실이 드러났다.

새로운 메시지를 계속 확인하면 업무 간에는 물론 업무 외에서도 더 자주 과제 전환을 해야 해서 업무 스트레스가 늘어난다. 메시지를 확인하기 전까지는 메시지의 내용이나 발신자를 알 수 없다. 아이와 집에서 레고로 성을 쌓고 있는데 동료가 보낸 감정적인 메시지를 받으면 화가 날 수도 있다. 메시지를 열어 그 내용을 읽고 짜증이 났다면 다시 레고로 돌아갈 가능성은 매우 희박하다. 아이를 두고 컴퓨터로 다시 손을 뻗을 가능성이 크다.

이런 행동은 밤낮이고 매 순간 접속해 있어야 한다고 느끼는 직원들의 일상적인 행동이다. 따라서 2017년 1월 1일 프랑스에서 노동자가 업무 외 시간에 '접속 끊기'를 할 권리를 보장하는 법이 발효된 것은 그리 놀라운 일이 아니다. 이 결정은 2015년 프랑스 고용노동부 장관이 의뢰한 연구에 따른 것이다. 연구 결과는 노동자들이 업무 시간 외에 접속해야 하는 시간이 늘면 번아웃, 불면증, 인간관계 문제가 발생할 위험이 늘어난다고 경고했다. 하지만 이 법에 허점이 없는 것은 아니다. 고용주는 직원과 합의해야 할 책임이 있다. 또한 직원이 고용주를 고소하고 번아웃의 원인이 계속된 업무 시간 외 전화와 메시지 때문이라는 사실을 직원 스스로 입증해야 고용주에게 불이익을 줄 수 있다.

프랑스 입법에 대한 초기 반응은 아무리 좋게 보아도 회의적이었고, 다른 국가들은 정신 나간 프랑스라고 코웃음 쳤다. 하지만 이 장에서 살펴본 연구 결과를 볼 때 이 법은 올바른 방향으로 나아가는 단계다. 물론 정치적 책략의 하나에 지나지 않을 수도 있지만 그래도 올바른 책략이다. 우리는 더 짧은 노동 시간과 더 많은 휴일을 쟁취하기 위해 매일 거리로 나와 시위하는 시대에 살고 있지는 않으므로, 새로운 접근법이 필요하다. 이 새로운 접근법의 사례로는 사무실 문을 닫으면 이메일 서버가 종료되는 회사를 들 수 있다. 암스테르담에 있는 한 회사는 5시가 되면 말 그대로 책상을 들어 올려 업무 종료를 알린다. 업무와 일상의 균형에 대한 소유권을 되찾으려는 두 가지 사례.

집중력을 향상하는 또 다른 방법

집중력 향상과 관련해 아직 언급하지 않았지만 매우 설득력 있는 요소가 한 가지 더 있다. 바로 건강이다. 연구에 따르면 신체적으로 건강한 사람이 집중을 더 잘한다. 정기적으로 에어로빅을 하는 참가자는 신체 운동을 전혀 하지 않는 사람에 비해 주의력 과제를 더 잘 수행하며, 이런 효과는 모든 연령대에서 나타났다. 건강한 신체에 있는 뇌는 침입하는 정보를 더 잘 무시하고 내정상태회로를 잘 억제해 오랫동안 집중하기 쉽게 만든다. 따라서 집중력을 향상하고 싶다면 규칙적으로 운동하는 것이 좋다.

비록 운동이 집중력을 향상하기 위한 부가적 방법 중 유일한 요소는 아니지만, 다른 방법들은 아직 과학적으로 입증되지 않았다. 하지만 경두개 직류전기자극(tDCS, transcranial direct current stimulation)처럼 여러 종류의 전자기적 뇌 자극 기법에 대해서는 긍정적인 결과가 나타나 있으며, 집중력을 향상하려는 학생들은 ADHD 환자가 복용하는 약을 사용하기도 한다. 하지만 아직 적절한 뇌 자극법은 개발되지 않았다. 또한 메틸페니데이트를 사용해 효과를 얻는 사람이 많아 보이지만 개인차가 크다는 사실은 이 약물이 ADHD를 겪지 않는 사람의 집중력 향상을 위해 사용하기에 적절한 방법이 아니라는 사실을 의미한다. 연구가 이어지면 언젠가 올바른 방법을 밝혀낼 수도 있지만 그때까지는 이런 방법은 사용하지 않는 편이 현명하다. 약물을 부적절하게 사용하면 부작용으로 신체에 해로움을 겪을 수도 있다. 이 경우에는 안타깝게도 "시도하지 않으면 얻는 것도 없다"라는 옛 속담은 적용되지 않는다.

정보 수신자는 창조적인 과제를 할 때든 까다로운 책을 읽을 때든 집중력을 유지해야 한다는 어려운 과제를 안고 있다. 집중력을 유지하려면 어느 정도 보수작업도 필요한데, 여기에 과학적으로 도움이 되는 방법도 많다. 명상이나 훈련, 운동 등이다. 집중하는 동안 정기적으로 휴식을 취하고 되도록 자연이나 평화로운 환경에 있는 것이 좋다. 잠시 자동조종으로 전환하는 것도 이후 예술 작품이나 프로젝트에 착수하기 전에 주의력을 재충전하는 데 도움이 된다.

5

도로 위
집중력의 중요성

2011년 10월 21일 금요일 오후, 쿤 판 통에런Koen van Tongeren은 헤이그 근처 A4 고속도로를 타고 집에 가고 있었다. 일 때문에 누군가에게 전화를 해야 한다는 사실을 떠올린 그는 핸드폰에서 전화번호를 검색했다. 길이 막히기 시작했지만 바쁘게 전화번호를 찾느라 여전히 핸드폰을 들여다보던 쿤은 이를 알아차리지 못했다. 그는 앞에 정지해 있는 차를 전속력으로 들이받았다. 엄마와 두 아이가 탄 차였다. 엄마와 큰아이는 중상을 입었지만 생명은 구했다. 하지만 뒷자리에 앉아 있던 두 살 난 아들은 그렇지 못했다. 쿤은 부주의한 운전으로 150시간의 사회봉사 명령을 받았고 운전면허 정지 6개월 처분을 받았다.

희생자 가족에 비하면 쿤의 슬픔은 아무것도 아니겠지만 쿤의 삶은 전과 같지는 못할 것이다. 네덜란드 언론에서 말한 것처럼 쿤은 잘살았고 괜찮은 직업에 좋은 연인과 멋진 집이 있었다. 하지만 이제 그는 어린아이를 죽음으로 몰아넣었다는 책임을 평생 져야 할 것이다. 이 모든 일은 부주의하게 도로에서 집중력을 잃은 단 몇 초 때문이다. 사고 이후 쿤은 피해자 가족의 허락을 받아 여러 다큐멘터리에 출연하고 많은 사람과 오랫동안 사고 이야기를 나눴다. 여러 운전자에게 모의 도로에서 운전 중 스마트폰으로 과제를 하게 한 어떤 보험 회사의 캠페인 광고에 출연하기도 했다. 운전자가 스마트폰을 들여다보는 동안 판지로 만든 차가 모의 도로에 나타나 갑자기 멈춘다. 운전자는 판지 차를 들이받는다. 그다음 장면에서 쿤이 등장해 자신이 저지른 비극적인 사고에 관해 이야기한다. 도로에서 눈을 떼면 어떤 일이 일어나는지에 관한 이야기다. 단 1초라도 말이다.

자동차는 도로에서 일종의 보호막 역할을 하지만 자전거

는 훨씬 취약하다. 코르텐호프 마을에 사는 토미보이 퀼켄스 Tommy-Boy Kulkens는 자신감 넘치고 친구들에게 인기가 많았으며, 최근 첫 키스를 하고 사랑에 푹 빠진 청소년이었다. 2015년 8월 22일, 열세 살이었던 토미보이는 자전거를 타고 육상 연습에 가다가 교차로에서 차에 치였다. 토미보이는 아주 빠르게 자전거를 타고 있었지만 도로를 주시하지 않았다. 그날 저녁 열릴 여동생 섬머의 생일파티에서 음악을 담당했기 때문에 스포티파이 앱에서 음악 재생 목록을 만드느라 분주했던 탓이다. 토미보이를 친 차의 운전자는 네 명의 아이를 태우고 있었다. 자동차가 토미보이를 쳤지만 사실 운전자 탓은 아니었다. 자동차는 과속하지 않았지만 자전거가 어디선가 갑자기 나타나서 곧바로 반응할 수 없었기 때문이다.

요즘 토미보이의 아빠 미카엘 퀼켄스Michael Kulkens는 여러 학교를 돌아다니며 아들의 사고 이야기를 전한다. 도로에서 스마트폰 사용을 금지하는 캠페인도 시작했다. 그는 언제나 DJ 티에스토DJ Tiësto의 노래 〈버터플라이Butterflies〉를 틀며 강연을 시작한다. 사고 당시 토미보이가 듣던 노래다. 이후 자전거 이용자들이 길을 건너기 전에 속도를 줄이도록 교차로에 나무 기둥이 설치되면서 교통상황은 바뀌었다.

집중력을 떠올릴 때 우리는 보통 일이나 공부와 연결하지만, 집중력은 외부 세계, 특히 도로에서도 매우 중요하다. 지난 몇 년간 네덜란드에서 일어난 교통사고 건수와 사망자 수는 가파르게 증가했고 지금도 계속 늘고 있다. 2017년 주요 도로에서 사고 수습을 요청한 경우는 2만 6,000건으로 2013년 대비 27퍼센트 증가했다. 아른헴 인근 A12 고속도로의 특정 구간에서는 91퍼센트나 증가하기도 했다. 이 수치도 엄청나지만 네이메헌 인근 A73 고속도로에서 일어난 사고 수치는 131퍼센트나 증가했다. 2013년 2만 건이었던 교통사고 건수는 그때까지 하향 추세였고 도로 사정이나 자동차 품질이 최근 몇 년간 나아졌다는 점을 고려하면 이런 사고 건수 증가는 이례적이다.

사고 건수가 늘어난 데 대한 한 가지 설명은 도로에서의 스마트폰 사용으로 집중력이 저하되었다는 점을 들 수 있다. 교통사고 관련자들의 핸드폰 사용에 관한 연구가 많은데, 한 연구는 총 699건의 사고를 조사해 이 중 24퍼센트에서 운전자가 사고 전 10분 동안 핸드폰을 사용한 증거가 있다는 사실을 발견했다. 물론 핸드폰 사용이 이런 사고를 일으켰다는 증거는 없으므로 이 발견으로 직접적인 인과관계를 말할 수는 없다. 단지 위험하게 운전하는 사람은 운전 중 핸드폰을 사용하는 경향이 더 강하다고 할 수는 있다.

인과관계의 가능성을 조사하려면 스마트폰을 사용하는 실험 참가자의 운전 행태를 그렇지 않은 사람의 운전 행태와 비교하는 실험 상황이 설정되어야 한다. 이런 실험을 도로에서 하기는 너무 위험하지만, 오늘날에는 운전 시뮬레이션이라는 훌륭한 대안이 있다. 이런 도구는 실제 상황과 운전 행태를 점점 더 잘 시뮬레이션하므로, 이런 방식을 이용한 연구 결과는 매우 분명한 사실을 보여준다.

유타대학교의 연구원들은 다음과 같은 두 실험군의 운전 행태를 비교했다. 한 그룹은 운전 중 자신이 선택한 주제에 대해 연구 조교와 전화로 대화하고, 다른 그룹은 보드카를 섞은 오렌지 주스를 마셔 혈중 알코올 수치를 높였다. 그 후 두 그룹이 모의 다차선 도로에서 앞차를 따라가며 운전하게 했다. 앞차는 임의의 순간에 브레이크를 밟아 멈춰 섰다. 술을 마시지 않은 참가자는 전화 통화를 할 때보다 그렇지 않을 때 더 빨리 앞차에 반응해 브레이크를 밟았다. 핸드폰으로 대화하면 음주 운전자만큼 운전 실력이 떨어졌다. 운전 중 통화는 음주운전보다 과태료가 훨씬 낮다는 점을 상기할 필요가 있다. 게다가 참가자는 통화할 때 운전이 더 불규칙했다. 통화할 때는 그렇지 않을 때보다 브레이크를 밟은 후 다시 액셀러레이터를 밟는 속도가 훨씬 느렸다. 이런 운전 행태는 특히 길이 막힐 때 혼잡을 유발하는 주요인이기도 하다.

따라서 바로 지금이 도로에서 운전자의 집중도를 높이는 조처를 해야 할 때다. 이를 위해서는 관련 당국과 운전자 모두가 노력해야 한다. 네덜란드 도로 규칙은 절망적일 정도로 낡아빠졌다. 아직도 자전거 이용자에게 도로에서 핸드폰 사용을 금지하는 규칙도 없다. 운전자에게는 조금 더 엄격한 법이 적용된다. 운전 중, 즉 바퀴가 움직일 때 핸드폰을 들고 있거나 통화를 하고 문자 메시지를 보내는 것은 금지다. 하지만 중요한 것은 언제 전화를 들고 있는 것이 허용되는지, 또는 그렇지 않은지다.

핸즈프리 전화는 언제나 허용된다. 길이 막히거나 빨간 신호에서 차가 멈춰 있을 때는 원한다면 핸드폰을 손에 들고 있어도 된다. 따라서 운전 중 핸드폰을 들고 통화하는 일은 허용되지 않지만 핸드폰이 거치대에 놓여 있다면 자동차가 움직일 때 문자를 보내도 된다. 조금 이상하지 않은가? 운전 중 통화하면 도로에 눈길을 주고 있을 수 있지만 운전 중 핸드폰으로 전화번호를 검색하려면 잠깐이라도 도로에서 눈을 떼야 한다. 하지만 자동차는 그동안에도 꽤 먼 거리를 주행할 수 있다. 시속 48킬로미터로 간다면 3초 만에 약 40미터나 나간다. 시속 120킬로미터라면 100미터나 된다.

핸즈프리 전화가 핸드폰을 손에 들고 있을 때보다 안전하지 않은데도 지금의 법 규정은 다른 관점을 취한다. 이것은 실수다. 핸즈프리 전화로 통화해도 핸드폰을 들고 있을 때만큼은 운전자의 주의가 산만해진다. 운전 중 통화가 미치는 나쁜 영향은 물리적으로 기기를 들고 있는지가 아니라 운전자의 주의력 수준과 관련 있다. 운전 중 통화를 하려면 작업 기억에서 음운회로를 이용해 문장을 만들어야 한다. 동시에 운전자는 운전에도 주의력을 쏟아야 한다. 통화를 할 때처럼 작업 기억에 정보를 저장하는데 주의력이 매우 필요한 경우에는 말 그대로 눈앞 도로를 보고 있더라도 도로를 주시할 만큼 주의력이 충분히 남지 않는다.

포뮬러 원 선수의 눈동자 움직임

포뮬러 원Formula One 선수 니코 훌켄베르흐Nico Hülkenberg가 출연하는 최근 텔레비전 프로그램은 운전할 때 우리 눈이 얼마나 중요한지 보여준다. 트랙을 도는 속도를 고려할 때 레이스

선수는 즉각적인 환경 정보에 엄청난 속도로 빠르게 반응해야 한다. 선수들이 이 속도의 세계를 어떻게 경험하는지 파악하기 위해 홀켄베르흐는 레이스 트랙을 달리는 동안 새로운 기술로 눈 움직임을 관찰하는 텔레비전 프로그램에 출연했다.

과학자로서 나는 눈 움직임을 상당히 많이 보아 왔지만 내가 본 니코 홀켄베르흐의 실험 결과는 믿을 수 없을 정도였다. 그의 눈동자 움직임은 매우 효율적이었고 어느 것도 필요 이상 과한 것이 없었다. 수많은 시간 운전대를 잡고 훈련한 결과 홀켄베르흐는 자신이 보아야 할 것만 정확히 보는 법을 확실히 배웠다. 홀켄베르흐는 시선 대부분을 다음 정점(턴에서 가장 높은 지점)에 집중하기 때문에 사실 그는 미래를 본다고 할 수 있을 정도다. 그는 들어오는 모든 시각 정보를 매우 빠르게 처리한다. 경기 시작을 알리는 녹색 불이 켜진 후 액셀러레이터를 밟는 데는 평균 100밀리초도 걸리지 않았다.

피트레인(경주 중인 차가 정비, 급유, 타이어 교환, 교대 등을 위해 정비 구역을 드나드는 통행로—옮긴이)에서 나올 때 사이드미러를 보는 모습에서도 홀켄베르흐가 수년간 받은 훈련의 효과를 엿볼 수 있다. 사이드미러를 보는 시간은 고작 100밀리초밖에 되지 않는데 이는 사물을 고정(눈동자가 멈추는 시간의 길이)해서 필요한 정보를 얻는 데 필요한 절대 최소 시간이다. 일반인이 사물을 고정해 이를 식별하는 데는 시간이 훨씬 더 걸린다.

홀켄베르흐는 모든 운전 강사들이 가장 중요하다고 말하는 것을 보여준다. 운전할 때 어디를 보아야 하는지 아는 일이 가장 중요하다는 사실이다. 우리는 도로에서 안전하게 주행하는 일의 어려움을 결코 과소평가해서는 안 된다. 자동차를 운전할 때는 주의력을 아주 효율적으로 사용해야 한다. 우리는 주의력이라는 자원이 얼마나 소중한지 인식해야 한다.

도로에서의 자동화

아버지는 내게 운전의 기초를 가르쳐 주시며 매우 어려워하셨다. 운전을 오래 하셨기 때문에 아버지에게 운전은 거의 자동적인 활동이 되었기 때문이다. 다른 말로 하면 자동화 automatism되었다는 말이다. 우리 뇌는 내용을 의식적으로 인식하지 않는 암묵적 기억implicit memory을 가지고 있어서 자동화를 할 수 있다. 자주 하는 동작은 더는 생각할 필요가 없다. 운전을 배울 때는 클러치를 밟고 브레이크를 밟고 기어를 바꾼 다음 액셀러레이터에 발을 올리는 등 하나하나의 행동을 생각해야 한다. 처음에는 이런 동작에 매우 주의를 기울이지만 많이 할수록 이 동작들은 암묵적 기억에 저장되므로 덜 생각해도 된다. 그 후에는 작업 기억을 사용하지 않아도 되므로 기어를 어떻게 바꿔야 하는지 주의를 기울일 필요가 없다.

운전이 기본적으로 자동적 활동이라는 의미다. 하지만 일요일 오후에 조용한 마을에서 운전하는 상황과 월요일 아침 출근 시간에 고속도로 주요 교차로에서 올바른 출구로 빠지려고 교통상황을 주시하면서 운전하는 상황에는 큰 차이가 있다. 조용한 마을에서 운전할 때는 옆 사람과 대화하는 데 별 어려움이 없지만, 복잡한 고속도로에서 운전할 때는 전혀 다르다. 이때는 목적지에 안전하게 도착하려면 모든 주의력을 쏟아야 한다. 나는 아버지가 남프랑스로 향하는 파리 외곽 순환도로를 탈 때 차 안에 흐르던 불편한 침묵을 아직도 기억한다. 아버지의 운전을 방해하면 절대 안 됐다. (그래도 항상 용케 길을 잃었지만 말이다.)

하지만 운전을 자동화하면 좋다. 도로와 주변 교통에 더 주의를 기울일 수 있기 때문이다. 반면 자동조종으로 운전하는 일은 위험할 수도 있다. 핸드폰을 사용하고 싶은 유혹에 빠질 가능성이 크기 때문이다. 갑자기 브레이크를 밟는 앞차에 적절히 반응하려면 초보 운전자든 직업으로 몇 년이나 트럭을 몬 운전자든 완전히 주의 집중해야 한다. 하지만 이 말이 운전하는 동안 모든 의사소통을 금지해야 한다는 의미일까?

　동승자와 대화하는 것은 어떨까? 그것도 작업 기억을 사용하지 않나? 그렇다. 운전 중에는 여러 가지 대화를 할 수 있지만 모든 대화가 안전을 위협하지는 않는다. 운전 시뮬레이션 실험에서 참가자에게 살면서 큰 위험에 처했던 순간에 대해 친구와 대화를 나누게 하면 많은 운전자가 전화 통화 중 가장 많은 실수를 저질렀다. 친구가 조수석에 앉아 있으면 대화는 도로 상황으로 바뀌기도 했고, 도로 상황이 운전자의 주의를 더 많이 요구하는 상황이 되면 대화 진행 방식이 조정되기도 했다. 이 경우 운전자와 동승자 모두 말을 덜 하고 더 직접적인 언어를 사용했다. 대화 상대도 교통상황을 알고 언제 운전자가 도로에 신경 써야 하는지 알기 때문에 운전자의 상황을 고려한다.

　하지만 전화 통화에는 이 메커니즘이 적용되지 않는다. 운전자가 파리 근처 악명 높은 순환도로에서 한 치의 주의도 뗄 수 없는 상황이어도, 운전자의 대화 상대는 교통상황에 대한 시각 정보가 없으므로 계속 같은 식으로 말을 건다. 사실 두 사람 중 한 명이(이 경우 운전자가) 느리게 말하거나 집중하지 못하는 것 같으면 대화가 다소 어색해질 수 있다. 교통상황과 관계없이 대화가 복잡하면 운전자는 도로를 보는 집중력이 떨어지고 사고 위험이 커진다.

전화 통화할 때보다 동승자와 대화할 때는 이런 위험이 낮다. 대화 상대가 실제로 옆에 있으면 당신이 한 말에 그들이 어떻게 반응하는지 볼 수 있다. 우리는 대화 상대의 표정에서 많은 정보를 얻는다. 문자 메시지로 받은 이모티콘을 해독할 때 겪는 어려움을 생각해 보라. 목소리로 상대방의 말을 해독하기는 쉽지만, 얼굴을 볼 수 있으면 그 과정은 훨씬 쉽다. 옆자리에 앉은 사람의 표정을 보려고 도로에서 잠깐 눈을 떼야 하는 것도 사실이다. 하지만 이때의 단점은 전화 통화를 하는 상황이 가져올 결과에 비하면 아무것도 아니다. 대화 상대의 얼굴을 볼 수 없을 때 우리는 대신 그것을 머릿속에서 상상해야 하고, 그러려면 운전할 때 중요한 작업 기억인 시각적 작업 기억을 활용해야 한다.

1990년부터 1999년 사이 스페인에서 발생한 교통사고를 분석한 결과 실제로 동승자가 있으면 사고가 날 가능성이 줄었다. 물론 여러 설명을 할 수 있지만 그중 하나는 운전이 공동 활동이라는 주장이다. 동승자는 위험할 수 있는 상황에 대해 운전자에게 경고하고 자신이 느낀 것을 공유할 수 있다('인식의 공유 shared awareness'라고도 한다). 물론 자동차에서 일어나는 모든 대화에 적용되지는 않는다. 동승자가 어린이거나 파리 순환도로를 탈 때의 우리 어머니처럼 운전에 계속 훈수를 두는 '뒷자리 운전사'라면 전반적인 안전이 향상되지는 않을 것이다. 하지만 적어도 이 이론은 운전할 때 산만함을 모두 피해야 한다는 생각에서 조금은 벗어난 흥미로운 생각이다.

보행자의 집중력 저하

2017년 2월, 네덜란드 보데그라벤 마을에서는 신호등 옆 인도에 매립한 빨간색과 녹색 LED 조명을 처음 공개했다. 신호가 빨간색인데도 스마트폰에서 눈을 떼지 않고 도로로 들어오는 보행자를 위해 설치한 것이다. 스마트폰을 휴대한 보행자에게 신호등에 접근하고 있다는 사실을 경고해 이들이 안전하게 길을 건널 수 있도록 하는 것이 이 혁신의 목적이다. 인도에 LED 조명을 먼저 설치한 다음 자전거 도로에도 적용하는 방법을 모색하고 있다. 물론 이런 계획에 비판이 없는 것은 아니다. 색맹인 보행자는 어떻게 할까? 보행자가 조명이 있을 것이라 예상한다는 이유만으로 모든 보도에 조명을 설치해야 할까? 스스로 조심하는 일은 보행자 자신의 몫이 아닐까? 걷는 동안 스마트폰을 사용하는 행동을 그저 묵인하는 것은 아닐까?

여러 비판이 있지만 이런 조명을 개발한 데는 좋은 이유가 있다. 일본의 상황을 예로 들어 보자. 일본에서는 사람들이 스마트폰을 들여다보다가 전철 플랫폼에서 떨어지는 사고가 너무 잦아 '스마트폰을 보며 걷기'를 지칭하는 '아루키 스마호歩きスマホ'라는 신조어까지 생겼을 정도다. 2013년 한 해에만도 '아루키 스마호'를 하다 입원한 사람은 도쿄에서만 36명이나 된다. 스마트폰으로 무장한 통근자들이 헤드폰까지 쓰고 있으면 상황은 더 나빠진다. 이 경우 주변 환경에 대한 인식은 거의 0에 가깝다.

인터넷에는 분수대 안으로 걸어 들어가거나 가로등에 부딪히거나 도랑에 빠지는 사람의 영상이 수없이 많다. 눈과 귀가 모두 핸드폰에 달라붙어 있기 때문이다. 가장 악명 높은 영상은 '분수대 여자'로 알려진 캐시 크루즈 마레로Cathy Cruz Marrero의 영상이다. 캐시는 2011년 쇼핑몰에서 핸드폰을 보며 걷다가 그대로 분수에 빠져버렸다. 이 사건은 카메라에 찍혀 온라인에 게시되었고 즉시 입소문을 탔다. 캐시는 하룻밤 새에 인터넷 유명인사가 되었고 여러 텔레비전 프로그램에 출연하기도 했다. 하지만 캐시는 자신이 분수대에 빠져 허우적댈 때 아무도 도와주러 오지 않았고 보안요원이 동영상을 찍어 온라인에 올렸다며 쇼핑몰을 고소하겠다고 협박했다. 인터넷에 동영상을 올린 직원은 해고되었지만 쇼핑몰은 결국 법정에 출두하지 않았다.

미국 일부 도시에서는 보행자들이 핸드폰으로 문자를 보내느라 보도나 도로 위를 헤매면 벌금을 문다. 뉴저지주 포트리에서는 벌금이 무려 54달러나 된다. 유타주에서는 철도 건널목을 건널 때 주의를 기울이지 않으면 50달러의 벌금이 부과된다. 뉴욕에서는 보행자와 관련된 사고가 시내 전체 교통사고의 52퍼센트이며 이에 따른 비용은 한 해에 10억 달러에 이를 것으로 추산된다. 최근 뉴욕에서 실시한 한 관찰 연구에서는 1995년에서 2009년 사이 뉴욕 최악의 사고 지점 열 곳을 중심으로 조사했다. 보행자 3,500명을 관찰한 결과 네 명 중 한 명은 길을 건너면서 핸드폰을 보았다.

주의가 산만한 보행자는 더 천천히 걷고 지그재그로 보도를 가로지르는 경향이 있다. 특히 이런 현상은 길을 건널 때 가장 취약한 아이들에게 적용된다. 시뮬레이션을 이용한 연구에서는 어린이 70명에게 열두 번 길을 건너도록 했다. 여섯 번은 핸드폰을 보며, 여섯 번은 그냥 걷게 했다. 결과는 매우 충격적이었다. 핸드폰에 정신이 팔리면 어린이들은 더 많은 사고를 당하거나 거의 차에 치일 뻔했다. 다가오는 차가 얼마나 가까이 있는 지 잘못 판단하거나 너무 늦게 도로에 나와서 길을 건널 때 더 많은 위험에 노출되었다. 핸드폰 사용에 얼마나 익숙한지, 혼자서 길을 잘 건너는지는 중요하지 않았다.

도로를 건너는 행동은 복잡한 인지 과정이며, 특히 어린이나 노인에게는 더 그렇다. 안전하게 길을 건너려면 다가오는 차의 근접성뿐만 아니라 차의 속도나 자동차가 속도를 줄일지 속도를 낼지 판단할 수 있어야 한다. 뇌 손상이나 시력 저하로 움직임을 인지하기 힘든 사람이 안전하게 길을 건너는 데 많은 어려움을 겪는 이유다. 할머니를 도와 길을 건너는 것이 칭찬받는데는 그만한 이유가 있다.

길을 건널 때는 모든 감각을 사용해야 하므로 헤드폰을 쓰는 행동도 아주 위험하다. 우리는 자동차의 속도나 가속을 판단할 때 청각을 이용하지만 헤드폰을 쓰고 있으면 이런 정보가 배제되므로 시각과 청각 정보 조합의 절반이 효력을 잃는다. 우리 뇌는 '다중감각 통합multisensory integration'이라고 알려진 소리와 이미지 통합 과정을 거쳐 어떤 소리가 어떤 이미지에 속하는지 파악하기 때문이다.

우리는 동시에 수신되지만 통합되지 않은 신호보다 통합된 신호에 훨씬 빠르게 반응하기 때문에 다중감각 통합은 중요하다. 이 경우 "전체는 부분의 합보다 크다"라는 생각이 실제로 적용된다. 걷거나 자전거를 타는 동안 헤드폰을 쓰면 다중감각 통합 체계가 모두 쓸모없어진다. 2004년에서 2011년 사이 미국에서 일어난 교통사고 보고서에 따르면 보행자가 헤드폰을 쓴 경우가 116건이고 이 중 70퍼센트가 사망 사고였다. 다중감각 통합 체계가 원래대로 제대로 작동했더라면 이런 사고는 예방할 수 있었을 것이다.

말도 안 되는 신경 마케팅

도로에서 스마트폰 사용을 줄이려는 다양한 제품이 출시되었다. 2017년 네덜란드에서는 통신회사인 KPN이 네덜란드 안전당국 및 잠금장치 전문기업 악사Axa와 함께 자전거를 탈 때 스마트폰 앱을 사용하지 못하게 하는 잠금장치를 도입했다. 세이프락SafeLock이라는 이 장치는 사용자가 자전거 잠금장치를 풀면 인터넷 접속을 차단하는 앱에 연결되어 있다. 사용할 수 있는 유일한 서비스는 비상전화뿐이다. 이 잠금장치는 약 100유로다.

앞서 논의된 사례들은 이런 제품이 상당히 좋은 아이디어라는 사실을 보여준다. 하지만 이 잠금장치가 출시될 때 제품의 유용성을 입증하는 언론 보도가 지나치게 과장되었다는 점은 매우 유감스럽다. KPN은 한 신경 마케팅 회사에 이 제품의 장점을 드러내는 여러 뇌 이미지를 제공해 달라고 요청했다. 이제 내가 '신경 마케팅neuromarketing'이라는 말을 들을 때마다 과학적으로 말도 안 되는 주장에 신경이 곤두서는 이유를 말해주겠다.

KPN은 아마도 이 연구에 엄청난 비용을 지불했을 것이다. 하지만 연구의 질은 아주 형편없어서 만약 내 학생이 이런 논문을 쓴다면 주저하지 않고 쫓아냈을지도 모른다. 이 연구에서는 12세에서 18세 사이의 청소년들이 컴퓨터로 간단한 과제를 수행하는 동안 뇌전도(EEG)를 확인했다. 뇌전도는 이마에 붙인 전극으로 뇌의 전기적 신호를 기록하는 방법이다. 과제 도중 참가자는 간헐적으로 스냅챗, 인스타그램, 왓츠앱에서 메시지 수신 알람을 받았다. 실험 결과 연구자들은 자전거를 타는 동안 문자 메시지를 받으면 안전이 위협받을 수 있다고 주장했다. 보도자료에서는 새 잠금장치를 홍보하며 "연구 결과 자전거를 타면서 스마트폰을 사용하면 자전거 이용자의 주의가 산만해질 뿐만 아니라, 알람 소리나 진동 때문에 도로를 주시하는 주의력이 감소할 수 있다"라고 밝혔다.

하지만 이 연구에는 눈에 띄는 문제가 많다.

첫째, 산만함을 측정하는 데는 뇌 스캔 이미지가 필요 없다. 그 사람의 행동을 연구하면 된다. 연구진은 "어떤 식으로든 메시지를 전달하려면 사람들의 상상력에 호소할 필요가 있다"라며 자신들이 선택한 방법을 옹호했다. 신경 마케팅 회사의 주장에 따르면, 요즘 사람들은 신경과학에 관심이 많아 특정한 설문조사를 하는 것보다는 뇌 스캔 이미지를 보여주는 것이 훨씬 효과적이라고 주장한다. 좋다. 스캔 이미지로 뇌가 메시지 알람에 반응하는 것을 보여 줄 수 있다고 치자. 하지만 새로운 발견이 있나? 물론 아니다. 어떤 소리를 들으면 뇌는 그 소리를 처리하므로 결과적으로 뇌 활성이 뇌 스캔에 나타나는 것은 당연하다. 중요한 것은 뇌 활성이 참가자의 행동에 어떤 영향을 미치는지 확인하는 것이다. 그렇게 하려면 참가자의 행동을 연구할 수밖에 없다.

둘째, 실험에 나타난 행동 간 차이는 통계적으로 신뢰할 수 없다. 그래서 알람이 참가자의 주의를 정말 산만하게 만든다는 어떤 실질적인 증거도 없다. 이 역시 신경 마케팅 회사가 사용한 과제를 살펴보면 놀랍지 않다. 너무 간단해서 참가자가 꾸벅꾸

벅 줄 정도다. 이 경우 알람은 참가자를 깨우고 반응을 촉진하는 역할밖에 하지 않는다.

앞서 설명한 잠금장치는 분명 나쁜 생각은 아니다. 하지만 이 장에서 우리가 논한 교통사고 사례를 살펴보면 알람 자체가 위험한 것이 아니라 우리가 핸드폰을 사용하는 방식이 위험하다는 사실을 알 수 있다.

우리는 걷거나 자전거를 탈 때, 사람들이 서로 부르거나 현관문을 닫거나 핸드폰이 울리는 등 주변 소리를 듣는다. 이런 식으로 주의가 산만해질 때는 우리가 움직이는 주변 환경이나 도로에 다시 주의를 기울이기 어렵지 않다. 하지만 핸드폰 알람을 받는 일은 위험하다. 새로운 메시지가 왔다는 것을 알았을 때 당신이 반응하는 방식 때문이다. 즉시 전화를 꺼내고 싶은 유혹을 항상 참을 수 있다면 문제가 되지 않는다. 하지만 보통 아주 현실적인 문제가 일어난다. 우리 대부분은 그런 유혹을 참기 어렵기 때문이다. 메시지에 뭐라고 쓰여 있는지 알고 싶어 견딜 수가 없다('정신적 가려움mental itch'이라고 부를 수 있을 정도다). 새로운 정보에 대한 열망과 메시지에 담긴 내용을 알고 싶은 간절함 때문에 우리는 알람에 반응해 핸드폰으로 손을 뻗고 메시지를 읽고 아마 즉시 답장을 보낼 것이다. 여기에 진짜 위험이 있다. 이

때 우리는 도로에 더는 주의를 기울이지 않는다. 이런 결론에 도달하기 위해 돈이 많이 드는 연구가 필요하지는 않다는 사실에 당신도 동의할 것이다.

해결법

도로 이용자들에게 길에서 스마트폰을 사용하는 행동의 위험성을 더 잘 알리기 위한 공공 캠페인이 많이 진행되었지만 그다지 효과는 없었다. 최근 도로에서 접속 끊기를 권장하는 네덜란드 정부가 실시한 '바이크 모드bike mode' 캠페인도 거의 성공하지 못했다. 사용자가 얼마나 오래 온라인에 접속하거나 접속을 끊을지 스스로 결정할 수 있도록 일정 시간 잠금 기능을 제공하는 앱도 많다. 네덜란드의 한 회사는 심지어 운전 중 방해받고 싶지 않을 때 핸드폰을 넣는 육각형 금속 상자도 발명했다. 상자에는 전자파를 차단하는 물질이 붙어 있고 스마트폰을 최대 여섯 개까지 담을 수 있어 회의 중 방해받고 싶지 않을 때도 사용할 수 있다. 요즘 안드로이드와 애플 핸드폰에는 모두 차 안에서 이동 중일 때 특정 기능을 비활성화하는 기능이 있다.

하지만 이 같은 혁신이 유행처럼 파급되기는 쉽지 않으므로,

이제 모든 정부는 도로에서 스마트폰 사용을 규제하기 시작해야 한다. 네덜란드 정부는 2016년 자전거 이용자들이 스마트폰을 물리적으로 손에 들고 있지 않을 때만 (이어폰을 써야 한다) 스마트폰을 사용할 수 있는 일종의 핸즈프리 체계를 도입하자는 제안을 내놓았다. 자동차 안에서 스마트폰을 전면 금지하고 운전 모드 실행을 의무화하자는 의견도 있었다.

이런 계획에서 실제로 실행된 것은 아무것도 없는데 당국이 현장에서, 특히 자동차의 경우 이런 조치를 시행하는 것이 거의 불가능하다는 사실을 깨달았기 때문이다. 요즘 많은 운전자가 스마트폰으로 내비게이션을 사용하는데, 운전자가 목적지 주소를 입력하는지 문자 메시지를 보내는지 구분하기는 불가능하다. 집중력도 차이가 난다. 사실 큰 차이다. 두 경우 모두 운전자가 일시적으로 도로에서 시선을 떼는 것은 같지만, 경로를 확인할 때보다 개인 메시지를 보낼 때는 상황이 훨씬 위험하다. 내비게이션은 예상치 못한 메시지나 알림을 보내지 않는다. 사용자는 화면에 나타나는 내용을 예측할 수 있으므로 언제 화면을 볼지, 얼마나 오랫동안 화면에 집중할지 스스로 결정할 수 있다.

하지만 스마트폰으로 소셜 미디어를 사용할 때는 상황이 매우 다르다. 페이스북이나 왓츠앱 같은 앱은 사용자의 관심을 끌고 가능한 한 오래 붙잡아두도록 설계되어 있다. 사실 이것이 이들 앱이 추구하는 비즈니스 모델의 정의다. 우리의 관심사에 맞게 조정된 끝없는 메시지 스트리밍인 뉴스피드라는 개념을 떠올려 보자. 이런 앱을 많이 사용할수록 기본 알고리즘은 사용자를 더 잘 파악하고 프로그램은 사용자의 관심을 끄는 법을 잘 익힌다.

문자 메시지에 최대한 빨리 대응해야 한다는 사회적 압박이 늘고 있는 것도 문제다. 내비게이션을 사용할 때는 자칫 오해받을 수 있는 말을 할 염려도 없고, 말다툼에 이르지도 않으며, 초조하게 다음 메시지를 기다리지도 않는다. 하지만 문자 메시지를 통한 대화는 내비게이션과 정반대다. 문자 메시지를 보낼 때는 메시지를 해석하는 데 많은 내적 주의력을 쏟아야 할 뿐만 아니라, 다음 메시지를 기다리며 더 자주 오랫동안 길에서 눈을 떼야 한다.

자동차 내 스마트폰 사용을 주제로 의미 있는 방법으로 토론하고 싶다면 먼저 사실을 바로잡아야 한다. 운전할 때 산만해지는 것이 단순히 무릎에 떨어진 샌드위치 부스러기를 털어내기 위해서인지, 아니면 스마트폰 메시지를 보느라 정신이 팔려서

인지는 큰 차이를 만든다. 어쩌면 우리가 할 수 있는 일은 운전할 때 소셜 미디어를 사용하는 운전자를 잡아낼 수 있는 기술이 개발될 때까지 기다리는 것뿐일지도 모른다.

물론 이런 문제를 해결할 책임을 정부에게 전가하기는 너무나 쉽다. 하지만 도로 이용자 역시 모두의 안전을 보장하는 역할을 해야 한다. 우리는 자신의 운전 기술을 과대평가하는 경향이 있어 운전자의 역할을 정의하기가 어렵다. 통화를 하는 사람과 음주 운전자를 비교한 앞선 연구에서 통화를 했던 참가자는 전화를 사용해도 운전하기가 그다지 어렵지 않았다고 대답했다. 하지만 실제 결과는 달랐다. 통화할 때 이들은 분명 도로에 완전히 주의를 기울일 때보다 더 많은 문제를 드러냈다. 우리 대부분은 운전 중 스마트폰을 사용하는 행동이 그다지 문제가 되지 않는다고 믿고 싶을지 모르지만, 이는 사실과 다르다. 우리는 모두 도로에 집중하는 행동이 도로 안전에 절대적으로 중요하다는 사실을 깨달아야 한다.

앞 장에서 사무실이나 강의실에서 집중력에 도움이 된다고 설명한 요인은 모두 운전할 때의 집중력에도 역시 좋다. 운동, 충분한 수면, 적당한 휴식을 취하는 것 등이다. 우리 삶의 많은 일에는 집중이 필요하며, 집중이 중요한 요소가 아닌 직업이나 상황이 많지만 우리는 모두 어떻게든 도로를 이용한다. 따라서 좋은 집중력은 우리 모두에게 매우 중요하다.

6

우리의 미래는
어디로 갈 것인가

2017년에 있었던 '피젯 스피너fidget spinner' 열풍을 기억하는가? 피젯 스피너가 여기저기 떨어져 있지 않은 학교 운동장을 찾기가 어려울 정도였다. 한창 유행일 때는 곳곳의 장난감 가게에서 매진 사례를 일으켰다. 엄청난 유행이었지만 언제 그랬나 싶게 금방 사라져 2018년이 되자 열풍이 몰려올 때만큼 빠르게 사라졌다. 기억을 되살려보자. 피젯 스피너는 중앙에 베어링이 있고 그 주위에 두세 개의 원이 있는 작은 장난감이다. 엄지와 검지 사이에 올린 다음 튕겨서 회전시킨다. 학기 내내 아이들은 어디서든 새로운 묘기를 발명하거나 스피너가 계속 회전하는 것을 바라보느라 정신이 나가 있었다.

피젯 스피너의 기원에 관한 이야기는 이상하고도 멋지다. 언론에서는 미국 엔지니어인 캐서린 헤팅어Catherine Hettinger가 이 장치를 발명했다고 주장했다. 지나치게 활동적인 딸의 집중력 치료를 위해 1993년 이 아이디어를 생각해 냈다고 한다. 하지만 자금 부족으로 2005년 그 '발명'의 특허가 소멸해버렸다. 스피너가 대유행한 뒤 캐서린은 자신의 발명품이 상업적으로 큰 성공을 거둔 데 대해 어떻게 생각하는지 묻는 언론에 시달렸다. 하지만 《블룸버그 뉴스Bloomberg News》와의 인터뷰에서 캐서린은 모두가 알고 있는 스피너는 자신이 발명한 플라스틱 장난감과 전혀 닮지 않았고 실제로 메커니즘도 다르다고 밝혔다. 이후 증거가 되는 문서는 사라졌고 오늘날까지도 2017년 그 짧은 몇 달 동안 수백만 아이들을 사로잡은 장난감을 누가 발명했는지는 아무도 모른다. 게다가 그 장난감에 대한 특허가 제출된 적이 없다는 사실을 고려하면 제조사를 알아낼 수도 없다.

스피너 열풍이 걷잡을 수 없이 퍼지자 일부 학교는 교실에서 스피너 사용을 금지하기 시작했고 2017년 5월까지 미국 200대 공립 및 사립학교의 32퍼센트도 같은 정책을 취했다. 스피너가 너무 주의를 흐트러뜨려 학생들이 수업 시간 대부분 동안 스피너를 가지고 논다는 이유였다. 하지만 제조사들은 스피너가 일부 어린이에게 큰 도움이 된다고 주장했고 스피너 포장지에는 스피너가 ADHD를 겪는 어린이의 집중력 향상에 도움이 된다는 문구도 포함되어 있었다. 자폐증과 불안장애를 겪는 어린이에게도 긍정적인 효과를 준다는 주장도 나왔다. 스피너가 아이들에게 큰 도움이 된다고 주장하는 부모도 많았지만, 과학계는 즉시 이 주장을 거부하며 피젯 스피너에 긍정적인 효과가 있다는 증거는 전혀 없다고 밝혔다. 부모들의 낙관적인 주장과 스피너를 사용한 경험은 모두 헛소리로 치부되었다.

물론 제조사들이 포장지의 문구에 신중했어야 하고 피젯 스피너가 ADHD를 겪는 사람에게 도움이 된다는 근거 없는 주장을 펼치지 않았어야 한다는 점은 중요하다. 특히 그런 주장을 뒷받침할 과학적인 증거가 없을 때는 더욱 그렇다. 하지만 이 제품과 관련된 긍정적인 이야기를 그저 일축해 버리기는 조금 지나치다. 과학은 천천히 진행되는 과정이고 스피너 열풍은 과학 저널에 결정적인 결과를 발표하기는커녕 그 제품을 제대로 연구할 만큼 오래 지속되지도 못했다. 그래서 우리는 스피너 사용이 집중력에 긍정적인 영향을 미치는지 아닌지 알지 못한다.

우리가 아는 것은 이 장난감에 대한 언론의 부정적인 보도가 거센 비판에 부딪혔다는 점뿐이다. 미국 온라인 잡지인《바이스 Vice》는 "ADHD, 자폐, 불안을 치료할 수 있다는 피젯 스피너의 헛소리"라는 제목의 기사를 싣고 거센 항의를 받자 곧바로 "장난감을 ADHD, 자폐, 불안을 위한 치료법으로 마케팅하는 피젯 스피너 제조사"라고 수정했다.《바이스》는 아이들이 스피너를 사용한 후 엄청난 도움을 받았다고 주장하는 부모들의 분노에 찬 반응에 고개를 숙이고 원래 기사 제목에 대해 사과문을 발표했다.

그렇다면 왜 스피너는 집중력 문제를 겪는 아이들에게 그토록 매력적일까? 사람마다 가진 집중력은 모두 다르다. 부분적으로는 운동신경의 활동 수준 차이 때문이다. 어떤 사람은 다른 사람보다 가만히 앉아 있기 더 어려워한다. 교실에서는 이런 차이를 쉽게 확인할 수 있다. 어떤 아이는 책상에 얌전히 앉아 있지만 다른 아이는 한시도 가만히 있지 못한다. ADHD를 겪는 아이들은 가장 심각한 영향을 받는데, 이 아이들은 운동신경을 억제하기 어려워서 가만히 앉아 있거나 집중할 수 없기 때문이다.

피젯 스피너를 만지작거리면 과다활동성 상태인 아이들은

운동신경의 요구대로 계속 움직이라는 욕구를 충족할 수 있다. 그러면서 선생님 말씀을 듣는 능력도 방해받지 않는다. 사실 이런 아이들은 가만히 앉아 있으려면 훨씬 더 큰 노력을 들여야 한다. 운동신경을 억제하는 데 모든 에너지를 쏟아야 하기 때문이다. 그러므로 과다활동성을 보이는 아이들에게 교실에서 조용히 앉아 있으라고 혼내는 것은 결코 좋은 생각이 아니다. ADHD를 겪는 아이들은 움직일 수 있을 때 작업 기억을 이용하는 과제를 훨씬 잘 수행한다는 연구 결과도 많다. 움직일 수 있는 것만으로도 아이들은 각성할 수 있다. 그러므로 활동적인 어린이가 운동용 공에 앉아 있으면 훨씬 집중을 잘 할 수 있으리라 생각하기는 어렵지 않다. 그렇지만 이 방법은 돌아다니느라 바쁜 아이들에게만 효과가 있다. 사실 조용한 아이들은 움직이며 돌아다닐 때 더 집중하기 어려워한다.

ADHD 같은 장애는 어릴수록 더 진단하기 쉬우므로 대다수의 연구가 특히 어린이를 대상으로 이루어진다는 점을 지적해야겠다. 예를 들어 ADHD를 겪는 성인은 집중력 문제를 상쇄할 방법을 배울 수 있다. 하지만 이런 연구 결과는 성인에게도 적용할 수 있다.

민감성

2017년 9월 플뢰르 판 흐로닝언Fleur van Groningen이 쓴 책이 2주 동안 벨기에 베스트셀러 10위권에 들었다. 이 책에서 판 흐로닝언은 민감성을 보이는 사람(HSP, highly sensitive person)이었던 자신의 경험을 소개한다. 많은 독자는 그의 이야기가 자신의 이야기와 닮았다는 사실을 발견했다. 책에서 그는 매일 마주하는 외부 자극의 양을 어떻게 최소화했는지, 그리고 종종 벅찬 감정을 어떻게 다스렸는지 설명한다. 그는 수많은 자극이 HSP인 사람들에게 만성적인 과다자극을 유발하는, 서구사회의 소위 '번아웃과 우울증의 홍수'와 HSP 사이의 연관성을 끌어낸다. 자신을 HSP라고 인식한 사람들은 흔히 집중력 문제를 호소한다.

'민감성high sensitivity'은 1996년 일레인 아론Elaine Aron이 처음 도입한 용어다. 그는 사람들이 민감성인지 아닌지 판단하는 설문지를 개발했다. 하지만 이 설문지는 그저 인터넷에 떠도는 것에 불과하며, 오늘날 인터넷에는 우리가 민감성인지 아닌지 확인할 수 있는 자가 시험이 넘쳐난다. 그러나 이런 시험의 문제점은 질문이 너무 모호해서 15퍼센트에서 20퍼센트나 되는 사람이 민감성이라는 결과가 나온다는 점이다. 게다가 많은 시험이 특히 아이들을 위해 고안되었기 때문에 질문도 아이가 잠들기 어려운지, 화장실 가는 데 문제가 있는지, 아이가 과잉행동인지 등을 묻는 설문으로 구성되어 있다. 이 기준에 따르면 지구상 모든 아이에게 HSP 딱지를 붙일 수 있다.

이런 용어 정의에 따르면 HSP인 사람은 감정, 고통, 기쁨, 신체적 및 정신적 감각에 더 쉽게 영향받는다. 또 소리, 감촉, 색깔 같은 여러 감각 자극에 더 강하게 반응한다. 이 민감성 때문에 HSP인 사람은 자극이 넘치는 환경에서 더욱 조심스러워하고 수줍어한다. 이들은 도시의 혼잡함을 피하고 가능한 한 도시 생활에서 멀어지고 싶어 한다. 당신도 이미 눈치챘겠지만, 나는 이 책에서 철저한 과학적 실험 결과로 내 주장을 뒷받침해 왔다. 하지만 안타깝게도 HSP에 대한 신뢰할 만한 연구는 거의 없으며 그나마도 무난한 자기계발서 수준을 넘지 못한다.

HSP는 종종 우리가 사는 치열한 경쟁 사회와 관련 있다. 우리 사회는 끊임없이 우리에게 점점 더 많은 것을 요구한다. 많은 사람이 일상에서 매일 겪는 과도한 자극에 대처하기 힘들어 하는데, HSP는 이런 사람들이 겪는 피로와 집중력 문제를 편리하게 설명한다. 최근 HSP는 일종의 유행처럼 번져서 HSP를 겪는다고 주장하는 사람들이 대화하는 모임도 많다. HSP를 다루는 많은 책에서는 민감한 사람이 자극을 더 깊은 수준으로 대하므로 특별한 재능을 가진 셈이라고 설명하기도 한다. 과학에서는 각 단어를 신중히 고려하고 모든 용어를 발표하기 전에 명확하게 정의하지만, HSP에 대한 많은 주장은 과학적인 근거가 전혀 없는데도 명확한 사실처럼 발표되었다. 물론 그런 주장이 일부 사람들에게 도움이 된다면 반드시 문제라고 할 수는 없겠지만, 사람들이 HSP와 같은 증상을 실제 장애로 간주하기 시작하면 문제가 커진다. 문제의 원인이 과학적으로 입증된 방법으로 치료할 수 있는 정신 장애일 수 있는데도 부모들이 민감한 아이를 위한 '치료법'을 찾게 될 수도 있다. 흔히 전형적인 HSP로 간주하는 문제들은 ADHD나 자폐증 문제와 비슷한 경우가 많다. 예를 들어 자폐증의 전형적인 특징 중 하나는 다른 사람이 만지는 것에 민감하다는 점인데, 이런 특징도 흔히 HSP의 특징 중 하나로 설명된다. 이런 장애를 치료할 효과적인 방법이 있는데도, HSP에만 집중해서 치료하려고 하면 적절한 치료법을 놓칠 수 있다.

민감성은 ADHD나 자폐증 같은 정신 장애가 아니라, 외향적이거나 내성적인 것처럼 성격의 특성이다. 어떤 사람은 도시 생활의 혼잡함을 즐기지만, 다른 사람은 조용한 생활 방식을 선호한다. 어떤 아이는 시끄러운 운동장의 소음을 차단하려고 귀를 막지만, 다른 아이는 운동장에서 잘 논다. 하지만 공식적으로 정신 장애로 인정되지 않는다고 HSP가 아예 없는 것은 아니다. 일상적으로 처리해야 할 자극이 꾸준히 늘고 있다는 사실을 볼 때, 자신에게 던져진 자극을 처리하는 데 큰 어려움을 겪는 사람이 증가한다는 사실은 놀랍지 않다. 여기서 중요한 것은 자극의 양보다 그것을 처리하는 방식이다. 우리는 감각을 통해 매일 많은 자극에 노출되며, 주의력 메커니즘을 이용해 이 자극 중 나중에 처리할 자극을 선택한다. 사람마다 주의력 체계가 얼마나 효율적으로 작동하는지는 다르다. 몇몇 HSP 연구는 과학적인 철저한 검증에 맞서 HSP 설문 대부분에 체크 표시를 하는 사람은 뇌의 특정 부위가 감각 자극에 더 강하게 반응한다는 사실을 밝혔다. 흥미롭게도 이 뇌 영역은 주의력과 관련된 영역이기도 하다. 비록 이런 사실로 뇌 활성 증가가 문제의 원인인지 아닌지 밝힐 수는 없지만, 뇌에 들어오는 자극을 처리하는 방법에 개인마다 차이가 있다는 점을 보여주기는 한다. 너무 많은 정보가 들어오는 것이 골칫거리라면 그 문제를 어떻게 다룰지 알아내고 처리하려고 노력하는 편이 낫다. 뇌는 우리가 받는 모든 자극을 처리할 수 없으며, 어느 정도 관련 없는 정보를 무시하는 능력이 우리의 집중력을 결정한다. 주위에 산만함을 일으키는 요인이 너무 많으면 어떤 뇌도 집중할 수 없다. 하지만 이런 현상을 일종의 장애나 상태라고 이름 붙일 필요는 없다. 이 문제가 보여주는 것은 어떤 사람의 뇌가 다른 사람의 뇌보다 집중하는 데 더 어려움을 겪는다는 단순한 사실뿐이다.

집중력의 진화

피젯 스피너 이야기는 사람들의 집중력에 차이가 있고, 집중력에 문제가 있는 사람은 특히 현대사회처럼 산만함으로 가득한 사회에서는 때로 집중하는 기술을 사용할 필요가 있다는 사실을 보여준다. 최근 네덜란드 신문에서 시카고대학교의 심리학자인 미하엘 피에트뤼스Michael Pietrus의 흥미로운 기사를 접했다. 기사에서 그는 스마트폰과 소셜 미디어의 등장으로 점점 더 많은 사람이 ADHD 환자처럼 행동한다고 말한다. 우리가 모두 실제로 ADHD를 겪는다는 말이 아니라 우리 행동이 ADHD 환자의 행동과 비슷해진다는 의미다. 다소 과장되게 들릴 수도 있지만, 요즘 멀티태스킹에 대한 우리의 사랑은 한 번에 한 가지 일에 집중하는 능력에 심각한 영향을 주고 있는 것으로 보인다.

하지만 ADHD 환자가 늘어난 것이 오늘날 자극이 늘어난 것과 정말 관련 있을까? 지난 수십 년 동안 ADHD 환자의 수는 극적으로 늘었고, 자극의 수도 계속 늘면서 결과적으로 상관관계가 형성되었다. 스마트폰보다 훨씬 오래된 자극의 풍부한 원천인 한 매체에 관한 연구도 이런 상관관계를 뒷받침한다. 바로 텔레비전이다. 텔레비전이 아이들의 발달에 미치는 영향을 다룬 과학 문헌은 우리 아이들이 훨씬 어릴 때부터 노출되는 (분명 더 최근 현상인) 소셜 미디어를 다룬 문헌보다 훨씬 많다.

텔레비전에는 재미있는 역사가 있다. 텔레비전이 처음 도입되었을 때는 채널이 매우 제한적이었고 앞서 설명했듯이 한 채널에서 다음 채널로 빠르게 전환할 수 있는 리모컨이 없었다. 텔레비전 도입 초기는 작가 팀 우가 처음 사용한 용어인 '주의력 절정peak attention'이라는 기이한 현상으로 특징지을 수 있다. 우에 따르면, 주의력 절정이 최고에 달했을 때는 1956년 9월 9일 엘비스 프레슬리가 〈에드 설리번 쇼The Ed Sullivan Show〉에 출연했을 때였다. 미국 인구의 약 83퍼센트가 그 순간을 목격했다. 즉, 미국인 열 명 중 여덟 명은 동시에 엘비스를 본다는 똑같은 일을 하고 있던 셈이다.

1960년대에 미국 텔레비전의 몇몇 프로그램은 6천만 명 이상의 시청자를 모았는데, 요즘 광고주에게는 꿈같은 수치다. 하지만 리모컨의 도입과 상업 광고의 등장으로 이 꿈은 금세 사라졌다. 시청자는 지루해지면 잠깐이라도 바로 다음 채널로 넘어갈 수 있다. 이런 발전으로 텔레비전 프로그램은 점점 더 빨라져 시청자가 채널을 돌릴 생각을 할 겨를이 없어졌다. 모든 것이 엄청나게 빠른 속도로 이루어져야 해서 편집은 더욱 빨라졌고 카메라 위치도 다양해졌다. 나는 요즘 어린이 프로그램을 볼 때마다 우리 아이들에게 쏟아지는 소리와 이미지의 압도적인 벽을 거의 믿을 수 없을 정도다. 반면 내가 어릴 때 보던 프로그램을 아이들에게 보여주면 아이들은 바로 채널을 돌려 버린다. 너무 느리다는 것이다. 심지어 나조차도 이렇게 느린 프로그램을 어떻게 봤는지 궁금할 정도다.

많은 부모는 요즘 아이들에게 쏟아지는 텔레비전의 이미지 공격이 아이들의 뇌 발달에 좋지 않은 영향을 미칠까 봐 우려한다. 아이들이 얼마나 오래 텔레비전을 시청하며 그 영향은 무엇인지 밝히는 연구는 부모들의 이런 두려움을 정당화한다. 그런 연구 중 하나는 시애틀 워싱턴대학교의 과학자들이 수행한 연구다. 연구자들은 1세 어린이 1,278명과 3세 어린이 1,345명의 부모를 인터뷰해서 아이들의 텔레비전 시청 습관에 대해 질문했다. 가장 극단적인 그룹의 아이들은 매일 평균 2시간 텔레비전을 시청했다. 그다음 이 아이들이 7세가 되었을 때 다시 과잉행동을 알아보았다. 실험 결과, 어릴 적 아이들의 텔레비전 시청 시간과 몇 년 후 아이들이 겪는 주의력 문제의 강도 사이에는 강한 연관성이 확인되었다.

비슷한 연구에서도 읽기 문제와의 연관성이 밝혀졌다. 아마 당신은 이 연구의 문제점을 이미 간파했을 것이다. 이 연구들은 단지 상관관계를 보여줄 뿐이다. 아이들의 과잉행동이 텔레비전 시청의 결과라고 단정할 이유는 없다. 과잉행동 경향을 보이는 아이들이 그저 다른 활동에는 집중하기 어려워 텔레비전을 더 많이 보았을 수도 있다. 연구에서는 이 사실을 명확히 설명하지만 연구 결과를 소개하는 언론에서는 종종 맥락을 완전히 벗어나 과잉행동과 텔레비전 시청 사이에 인과관계가 있다고 설명한다. 흥미로운 가설일지 모르지만 그뿐이다.

다행히 진화는 느리게 진행되는 과정이기 때문에 갑자기 아이들 세대의 뇌가 구조적 변화를 일으켜 오랫동안 완전히 집중하지 못하게 되는 일은 일어나지 않을 것이다. 뇌의 잠재력은 그대로지만 우리 환경은 자극이 증가하면서 계속 변한다. 결국 집중력은 강한 상태를 유지하려면 훈련해야 하는 근육과 같다. 훈련하면 집중력은 좋아진다. 하지만 얼마나 열심히 훈련하는지와 상관없이 모든 사람이 근육의 힘을 같은 정도로 발달시키지는 못한다. 어떤 사람은 집중력 근육을 만드는 능력이 뛰어나고, 자극이 늘어나도 이 능력은 변하지 않는다. 하지만 집중력 근육에 필요한 노력의 양은 분명 달라진다. 더 많은 자극에 노출되고 멀티태스킹하는 경향이 늘어날수록 집중력을 유지하기 위해 더 큰 노력을 들여야 한다. 노력은 최소화하면서 근육을 최대한 강하게 유지하는 것이 집중력을 유지하는 비법이다.

7

희망과
미래

　최근 실리콘밸리 거대 기술기업의 전직 직원들에게는 우리 사회가 나아가는 방향에 대한 암울한 이야기를 전 세계에 들려달라는 요청이 쇄도한다. 기술 산업에서 큰돈을 번 이들은 분명한 양심의 가책을 느끼고 자신이 이룬 혁신을 이제 후회하며 (또는 후회하는 척하며) 돌아본다. 구글의 전 직원 제임스 윌리엄스 James Williams는 우리가 "우리 시대의 가장 큰 위기에 직면했다"라며 이렇게 덧붙였다. "우리는 어디서든 스마트폰과 소셜 미디어와 함께한다. 하지만 이들은 우리를 짓누르고 우리가 행복해지고 성공할 기회를 앗아간다." 이런 어둡고 암울한 장사치들은 보통 소셜 미디어로부터 우리를 보호하는 제품을 개발하는 새로운 스타트업 회사의 숨은 조력자이거나, 앞서 닥쳐올 재난에 대한 대담을 나누며 엄청난 대가를 받는 강연자다.

이 책에서 나는 집중력과 관련된 많은 신화를 불식하려 노력했다. 우리의 주의지속시간은 금붕어보다 짧지 않다. 멀티태스킹을 좋아한다고 IQ가 떨어지지도 않는다. 이 장의 집필을 끝낸 바로 그날 매사추세츠공과대학교의 앨런 라이트먼Alan Lightman 교수의 대담을 읽었다. 그는 우리가 아무것도 하지 않는 시간을 너무 적게 보내는 탓에 1990년대 이후 우리의 창의력이 현저히 줄었다고 주장했다. 그리고 이런 과장된 이야기가 흔히 그렇듯, 그 결과로 올 피해는 담배의 유해성과 비슷하다고 주장할 정도다.

우리 사회에 대한 중요한 질문이 미묘한 의미를 해석할 여지도 없는 이런 공포증에 부딪히는 경우가 많다는 사실은 정말 부끄러운 일이다. 증거는 하나도 제시하지 않으면서 미래에 대한 암울한 시나리오를 쓰기는 너무나 쉽다. 구글이 우리를 시시각각 바보로 만들고 있다거나 스마트폰의 등장으로 우리의 창의력이 저하되었다는 증거는 단 하나도 없다. 창의력은 한 가지 실험으로 측정하기에는 너무 복잡하다. 창의적인 사람이 되는 방법은 수없이 많고 오늘날 그 방법의 목록은 짧아지기는커녕 더 길어지고 있다. 창의력은 기발한 컴퓨터 코드나 현대 예술 작품, 새로운 디지털 응용프로그램의 형태로도 나타날 수 있다. 이를 염두에 두면 토렌스 테스트Torrance Test처럼 창의력을 시험하는 표준 방법은 너무나 구식이라는 결론을 내릴 수 있다. 새롭고 중요한 과학적·기술적 발견이 날마다 이루어지지만, 그 결과 뇌가 집중력과 창의력을 잃는다는 징후는 전혀 없다. 하지만 기술 발전으로 인간의 모든 잠재력을 깨닫지 못하게 되거나 도로에서처럼 위험한 상황을 초래할 수도 있다는 사실을 알아야 한다. 다행히도 우리는 최근 몇 년간 과학을 통해 집중력에 대해 많이 알게 되었고 효율적이고 창의적으로 집중하며 일하는 데 필요한 도구도 얻었다. 이제 우리는 자연 속 휴식이나 집중력 훈련, 명상, 적절한 순간의 과제 전환이 미치는 긍정적 영향을 잘 안다. 멀티태스킹과 잠재적인 산만함으로 둘러싸인 환경이 집중력에 주는 부정적 영향도 잘 안다.

우리가 어떤 도구를 선택하든 그 도구가 자동으로 집중력을 향상해 주지는 않을 것이다. 집중력은 여러 요소에 의존하기 때문이다. 집중력의 용량에는 개인차가 있고 집중력 지속 시간은 부분적으로는 당면한 과제의 특성에 따라 다르며, 최적의 주의 지속시간은 건강 수준이나 피로도 같은 요소에 따라서도 다르다. 집중력을 향상하는 한 가지 훈련법을 제시하는 자기계발서가 효과 없는 이유다. 집중력은 개개인에게 맞춤형이며, 자신에게 가장 잘 맞는 방법을 찾는 것은 각자의 몫이다.

집중력을 높이기 위해 우리가 할 수 있는 일 외에도 정부가 취할 수 있는 조치도 있다. 도로에서 소셜 미디어 사용을 금지하는 것처럼 공공 고속도로에서 LED 광고(특히 애니메이션 종류)를 금지하면 도로 안전이 향상될 것이다. 학교는 광고 금지 구역이 되어야 하고 교실에서 스마트폰을 사용하는 문제에 대해서는 명확한 합의가 필요하다. 집중력의 중요성을 학교에서 가르쳐야 한다. 집중력이 어떻게 작동하고 소셜 미디어가 집중력을 어떻게 강탈하는지 이해하면 자신의 주의력에 책임질 수 있다. 아이들에게 소셜 미디어가 얼마나 중독성 있고 스마트폰 알람이 얼마나 주의를 분산시키는지 가르쳐야 한다. 뇌와 행동에 대해 더 많이 알수록 인간으로서 우리가 어떻게 기능하는지 잘 이해하게 된다.

우리는 집중력이 우리에게 얼마나 소중한지 끊임없이 인식해야 한다. 물론 언젠가 우리가 소셜 미디어에 등을 돌리고 무

의미한 '좋아요'에 더는 관심을 기울이지 않을 가능성이 아예 없는 것은 아니다. 그 전에 한 가지 다행스럽고 멋진 생각은 궁극적으로 우리가 주의력의 주인이며 원한다면 주의력이라는 쳇바퀴에서 빠져나올 수 있다는 점이다. 사실 실리콘밸리의 전능한 기계를 물리치려면 버튼 하나만 누르면 된다. 바로 전원 버튼을 눌러 핸드폰을 끄는 일이다.

감사의 말

2016년 첫 책 『주의력은 어떻게 작동하는가*How Attention Works*』(2019)의 네덜란드어판이 출간된 후 다음 책을 언제 쓸 것인지 거듭 질문 받았다. 나는 두 번째 책을 쓸 계획이 없었는데, 사실 무엇을 쓰고 싶은지 몰랐기 때문이다. 하지만 첫 번째 책이 나온 후 여러 사람과 대화하고 만나면서 주의력이 처음 생각한 것보다 훨씬 넓은 주제라는 사실을 분명히 깨달았다. 보험 중개사, 교량 관리인, 교사, 교통 심리학자, 기업 부문의 사람들과 대화하기도 했다. 이 대화를 통해 나는 주의력이 많은 이들의 삶에서 중요한 문제라는 사실을 알게 되었다. 특히 주의력은 이 무한 주의산만의 시대에 어떻게 해야 집중할 수 있는지 궁금한 사람들에게 중요한 문제다. 당신이 이 책에서 읽은 내용 대부분은 내가 나눈 대화와 만남에서 왔다. 이 책의 뼈대가 된 지혜의 말과 아이디어를 나눠준 모든 분에게 감사한다.

첫 번째 책을 쓰는 과정이 그토록 즐거움의 원천이 되지 않았다면 두 번째 책을 시작할 생각을 아예 하지 못했을 것이다. 이에 대해 샌더 루이스, 리디아 버스트라, 이블린 파브루베를 포함한 메이븐 출판사 여러분께 특히 감사를 표한다. 이 책을 읽을 수 있는 것은 전적으로 엠마 펀트, 마리스카 헤이먼, 줄리엣 욘커스 덕이다. 책 속의 메시지를 제대로 전달하기 위해 브레인스토밍해 준 엠마에게 특히 감사를 보낸다.

구체적인 내용을 확인해 준 마르크 니우엔스테인, 세르주 뒤몰랭, 크리스 파펜(모든 것에 감사드린다), 레온 케네만스, 헬린 슬라흐터, 에드윈 달마이어에게 큰 감사를 보낸다. 이들은 지나칠 수도 있는 실수를 지적해 주었지만, 눈치 채지 못한 채 지나갔을지도 모르는 모든 실수는 내 책임이다.

위트레흐트대학교의 주의력 실험실에 있는 모든 분께 지난 몇 년간 우리가 공유한 멋진 연구 분위기와 흥미로운 과학적 발견에 대해 감사드리고 싶다. 책을 쓰고 출간하는 것이 상당히 어려운 일이라 말할 분들도 있겠지만, 내 일의 가장 두근거리는 핵심과 진정한 전율은 여전히 우리가 수행하는 실험에서 나온다. 특히 신뢰와 지지를 보내 준 사회행동과학 교수회에 매우 감사드린다. 위트레흐트대학교의 실험 심리학부는 연구하기 정말 좋은 곳이다. 내가 회원으로 있는 자랑스러운 모임인 영 아카데미, 그리고 함께 일할 때 때때로 영감을 주는 즐거운 동료인 탄야 네이부에게도 감사드린다.

많은 도움과 동료애를 준 부모님과 친구들에게도 따뜻한 감사를 드린다. 이 작은 모험을 시작할 자유를 주고 사랑을 보내준 야니에게도 감사한다. 그리고 마지막으로, 하지만 앞선 분들 못지않게 중요한 야스퍼와 메릴에게 정말 중요한 일에 집중하도록 도와준 데 감사를 보낸다.

참고문헌

서문

Concerns Regarding Information Overload Throughout History
Wellmon, C. (2012). Why Google isn't making us stupid … or smart. Retrieved from http://www.iasc-culture.org/THR/THR_article_2012_Spring_Wellmon.php.

The Attention Economy
Crawford, M. (2015). *The world beyond your head: How to flourish in an age of distraction*. New York: Farrar, Straus, and Giroux.

The History of Commercial Public Advertising and the Rise of the First Commercial Newspapers and Radio Stations
Wu, T. (2016). *The attention merchants: From the daily newspaper to social media, how our time and attention is harvested and sold*. New York: Alfred A. Knopf.

How Streaming Services Are Changing Music
Kraak, H. (2017, 19 November). Hoe streamingdiensten als Spotify de muziek veranderen [How streaming services like Spotify are changing music]. *de Volkskrant*. Retrieved from https://www.volkskrant.nl/cultuur-media/hoe-streamingdiensten-als-spotify-de-muziek-veranderen~b10594f9/.

The Inability to Spot a Clown on a Unicycle

Hyman, I. E., Boss, S. M., Wise, B. M., McKenzie, K. E., & Caggiano, J. M. (2010). Did you see the unicycling clown? Inattentional blindness while walking and talking on a cell phone. *Applied Cognitive Psychology, 24,* 597–607.

Other Field and Experimental Studies into the Effect of Mobile Phones on Walking Behavior

Hatfield, J., & Murphy S. (2007). The effects of mobile phone use on pedestrian crossing behavior at signalized and unsignalized intersections. *Accident Analysis and Prevention, 39*(1), 197–205.

Nasar, J., Hecht, P., & Wener, R. (2008). Mobile phones, distracted attention, and pedestrian safety. *Accident Analysis and Prevention, 40*(1), 69–75.

The Causes of Accidents Involving Pedestrians

Nasar, J., & Troyer, D. (2013). Pedestrian injuries due to mobile phone use in public places. *Accident Analysis and Prevention, 57*(1), 91–95.

Watson's Manifesto

Watson, J. B. (1913). Psychology as the behaviorist views it. *Psychological Review, 20*(2), 158–177.

Pavlov and Conditioning

Pavlov, I. P. (1927). *Conditioned reflexes.* Oxford, England: Oxford University Press.

Free Will and Behaviorism

Ferster, C. B., & Skinner, B. F. (1957). *Schedules of reinforcement.* Upper Saddle River, NJ: Prentice-Hall.

Addiction and Rats

Wise, R. A. (2002). Brain reward circuitry: Insights from unsensed incentives. *Neuron, 36*(2), 229–340.

Man as Conditioned Dog and the Mobile Phone

Stafford, T. (2006, September 19). Why email is addictive (and what to do about it). *Mind Hacks*. Retrieved from https://mindhacks.com/2006/09/19/why-email-is-addictive-and-what-to-do-about-it/

The Mental Itch to Check Your Email

Levitin, D. J. (2014). *The organized mind: Thinking straight in the age of information overload*. New York, NY: Plume/Penguin Books.

The Importance of Attention in Health Care

Klaver, K., & Baart, A. (2011). Attentive care in a hospital: Towards an empirical ethics of care. *Medische Antropologie, 23*(2), 309–324.

Johansson, P., Oléni, M., & Fridlund, B. (2002). Patient satisfaction with nursing care in the context of health care: A literature study. *Scandinavian Journal of Caring Sciences, 16*(4), 337–344.

Radwin, L. (2000). Oncology patients' perceptions of quality nursing care. *Research in Nursing & Health, 23*(3), 179–190.

Suggestion That Health Care Workers Should Focus Only on Essential Forms of Care

van Jaarsveld, M. (2011, 21 June). Zorg is overheidstaak, aandacht geven niet [Health care is a government task, not giving attention]. *Trouw*. https://www.trouw.nl/opinie/zorg-is-overheidstaak-aandacht-geven-niet~ba6780ed.

The Increase in Available Information

Alleyne, R. (2011, 11 February). Welcome to the information overload—174 newspapers a day. *Telegraph*. https://www.telegraph.co.uk/news/science/science-news/8316534/Welcome-to-the-information-age-174-newspapers-a-day.html.

1장 왜 집중하기 어려울까?

The Philosophy behind Our External Memory

Clark, A., & Chalmers, D. J. (1998). The extended mind. *Analysis, 58*(1), 7 – 19.

Embodied Cognition
Rowlands, M. (2010). The mind embedded. In: *The new science of the mind: From extended mind to embodied phenomenology* (pp. 1 – 23). Cambridge, MA: MIT Press.
Shapiro, L. (2011). *Embodied Cognition*. New York, NY: Routledge.

Improving Your Memory by Acting Out a Story
Scott, C. L., Harris, R. J., & Rothe, A. R. (2001). Embodied cognition through improvisation improves memory for a dramatic monologue. *Discourse Processes, 31*(3), 293 – 305.

Storing Information by Taking Notes
Mueller, P. A., & Oppenheimer, D. M. (2014). The pen is mightier than the keyboard: Advantages of longhand over laptop note taking. *Psychological Science, 25*(6), 1159 – 1168.

The Iconic Memory
Sperling, G. (1960). Negative afterimage without prior positive image. *Science, 131*, 1613 – 1614.

The Echoic Memory
Sams, M., Hari, R., Rif, J., & Knuutila, J. (1993). The human auditory sensory memory trace persists about 10 sec: Neuromagnetic evidence. *Journal of Cognitive Neuroscience, 5*, 363 – 370.

The Effect of Context on Long-Term Memory
Godden, D. R., & Baddeley, A. D. (1975). Context-dependent memory in two natural environments: On land and underwater. *British Journal of Psychology, 66*(3), 325 – 331.

Individual Differences in the Capacity of the Working Memory
Jarrold, C., & Towse, J. N. (2006). Individual differences in working

memory. *Neuroscience, 139*(1), 39 – 50.

The Necessity of Repeating Information in the Working Memory

Peterson, L. R., & Peterson, M. J. (1959). Short-term retention of individual verbal items. *Journal of Experimental Psychology, 58*(3), 193 – 198.

Chunking Information (Such As Race Times)

Ericsson, K. A., Chase, W. G., & Faloon, S. (1980). Acquisition of a memory skill. *Science, 208*(4448), 1181 – 1182.

Postal Codes in the United Kingdom

Royal Mail Group (2016, June 4). Royal Mail reveals why we never forget a postcode, 57 years after its introduction. Retrieved from https://www.royalmailgroup.com/en/press-centre/press-releases/royal-mail/royal-mail-reveals-why-we-never-forget-a-postcode-57-years-after-its-introduction/.

Baddeley's Model of the Working Memory

Baddeley, A. D., & Hitch, G. J. (1974). Working memory. In G. H. Bower (Ed.), *The psychology of learning and motivation* (pp. 47 – 89). New York, NY: Academic Press.

Baddeley, A. D., & Hitch, G. J. (1994). Developments in the concept of working memory. *Neuropsychology, 8*(4), 485 – 493.

Baddeley, A. D. (2003). Working memory: Looking back and looking forward. *Nature Reviews Neuroscience, 4*, 829 – 839.

Articulatory Suppression and the Phonological Loop

Baddeley, A. D., Thomson, N., & Buchanan, M. (1975). Word length and the structure of short-term memory. *Journal of Verbal Learning and Verbal Behavior, 14*, 575 – 589.

Mental Rotation

Shepard, R. N., & Metzler, J. (1971). Mental rotation of threedimensional objects. *Science, 171*(3972), 701 – 703.

Better Mental Rotation in Athletes and Musicians

Pietsch, S., & Jansen, P. (2012). Different mental rotation performance in students of music, sport and education. *Learning and Individual Differences, 22*(1), 159 – 163.

The Effect of Physical Exercise on Mental Rotation

Moreau, D., Mansy-Dannay, A., Clerc, J., & Guerrién, A. (2011). Spatial ability and motor performance: Assessing mental rotation processes in elite and novice athletes. *International Journal of Sport Psychology, 42*(6), 525 – 547.

The Difference between Sexes in Mental Rotation

Quinn, P. C., & Liben, L. S. (2008). A Sex Difference in Mental Rotation in Young Infants. *Psychological Science, 19*(11), 1067 – 1070.

Complex Items in the Visuospatial Sketchbook

Luck, S. J., & Vogel, E. K. (1997). The capacity of visual working memory for features and conjunctions. *Nature, 390*(6657), 279 – 281.

Brain Damage and the Wisconsin Card Sorting Task

Milner, B. (1963). Effect of different brain lesions on card sorting. *Archives of Neurology, 9*(1), 90 – 100.

The Effect of Age on Performance on the Wisconsin Card Sorting Task

Huizinga, M., & van der Molen, M. W. (2007). Age-group differences in set-switching and set-maintenance on the Wisconsin Card Sorting Task. *Developmental neuropsychology, 31*, 193 – 215.

The Switch in Our Brain

Corbetta, M., & Shulman, G. L. (2002). Control of goal-directed and stimulus-driven attention in the brain. *Nature Reviews Neuro science, 3*(3), 201 – 215.

Missed Signs of a Planned School Shooting

Sandy Hook Promise (2016, December 2). Evan. YouTube video, 2:28.

Retrieved from https://www.youtube.com/watch?v=A8syQeFtBKc.

Attention Problems and PTSD

Vasterling, J. J., Brailey, K., Constans, J. I., & Sutker, P. B. (1998). Attention and memory dysfunction in posttraumatic stress disorder. *Neuropsychology, 12*(1), 125–133.

Honzel, N., Justus, T., & Swick, D. (2014). Posttraumatic stress disorder is associated with limited executive resources in a working memory task. *Cognitive, Affective, & Behavioral Neuroscience, 14*(2), 792–804.

Writing Your Worries Away

Ramirez, G., & Beilock, S. L. (2011). Writing about testing worries boosts exam performance in the classroom. *Science, 331*(6014), 211–213.

The Costs of a Complicated Mathematical Equation

Ashcraft, M. H., & Kirk, E. P. (2001). The relationships among working memory, math anxiety, and performance. *Journal of Experimental Psychology: General, 130*(2), 224–237.

2장 멀티태스킹을 해야 할 때와 하지 말아야 할 때

The Blunder at the Oscars in 2017

Pulver, A. (2017, February 27). Anatomy of an Oscars fiasco: how *La La Land* was mistakenly announced as best picture. *Guardian.* Retrieved from https://www.theguardian.com/film/2017/feb/27/anatomy-of-an-oscars-fiasco-how-la-la-land-was-mistakenly-announced-as-best-picture.

Youngs, I. (2017, February 27). The woman knows who's won the Oscars … but won't tell. *BBC News.* Retrieved from http://www.bbc.com/news/entertainment-arts-38923750.

O'Connell, J. (2017, February 28). Was smartphone distraction the cause of the Oscars error? *Irish Times.* Retrieved from http://www.irishtimes.com/culture/was-smartphone-distraction-the-cause-of-the-oscars-error-1.2992296.

The Activity in the Brain During Multitasking

Clapp, W. C., Rubens, M. T., & Gazzaley, A. (2010). Mechanisms of working memory disruption by external interferences. *Cerebral Cortex*, *20*(4), 859–872.

Task-Switching

Rubinstein, J. S., Meyer, D. E., & Evans, J. E. (2001). Executive control of cognitive processes in task switching. *Journal of Experimental Psychology: Human Perception and Performance*, *27*(4), 763–797.

The Effect of Choosing to Switch Tasks

Leroy, S. (2009). Why is it so hard to do my work? The challenge of attention residue when switching between work tasks. *Organizational behavior and human decision processes*, *109*(2), 168–181.

Percentage of Youth Who Media-Multitask versus the Rest of the Population

Carrier, L. M., Cheever, N. A., Rosen, L. D., Benitez, S., & Chang, J. (2009). Multitasking across generations: Multitasking choices and difficulty ratings in three generations of Americans. *Computers in Human Behavior*, *25*, 483–489.

Cognitive Flexibility and Media Users

Ophir, E., Nass, C., & Wagner, A. D. (2009). Cognitive control in media multitaskers. *Proceedings of the National Academy of Sciences*, *106*(37), 15583–15587.

Estimating the Capacity to Multitask

Sanbonmatsu, D. M., Strayer, D. L., Medeiros-Ward, N., & Watson, J. M. (2013). Who multi-tasks and why? Multi-tasking ability, perceived multi-tasking ability, impulsivity, and sensation seeking. *PLOS ONE*, *8*(1).

Task-Switching among Office Workers

Mark, G., Gonzales, V. M., & Harris, J. (2005). No task left behind?

Examining the nature of fragmented work. In: *Proceedings of the SIGCHI Conference on Human Factors in Computing Systems* (pp. 321–330). New York, NY: ACM.

Wajcman, J., & Rose, E. (2011). Constant connectivity: Rethinking interruptions at work. *Organization Studies*, 32(7), 941–961.

Jackson, T., Dawson, R., & Wilson, D. (2002). Case study: Evaluating the effect of email interruptions within the workplace. In: *Proceedings of EASE 2002: 6th International Conference on Empirical Assessment and Evaluation in Software Engineering* (pp. 3–7). Keele, UK: Keele University.

References to Multitasking and Task-Switching on the Work Floor

Gazzaley, A., & Rosen, L. D. (2016). *The distracted mind: Ancient brains in a high-tech world.* Cambridge, MA: MIT Press.

Experiences of Workers Who Are Prone to Task-Switching

Mark, G., Gudith, D., & Klocke, U. (2008). The cost of interrupted work: More speed and stress. *Proceedings of the SIGCHI conference on Human Factors in Computing Systems* (pp. 107–110). New York, NY: ACM.

The Effects of Multitasking on Learning

Foerde, K., Knowlton, B. J., & Poldrack, R. A. (2006). Modulation of competing memory systems by distraction. *Proceedings of the National Academy of Sciences, 103*(31), 11778–11783.

Study of the Effect of Multitasking on IQ

Wilson, G. (2010, January 16). Infomania experiment for Hewlett-Packard. Retrieved from http://www.drglennwilson.com/Infomania_experiment_for_HP.doc.

retrospectacle (2007, February 27). Hewlett Packard "infomania" study pure tripe, blogs not. *ScienceBlogs*. Retrieved from http://scienceblogs.com/retrospectacle/2007/02/27/hewlett-packard-infomania-stud/.

Students' Powers of Concentration

Rosen, L. D., Carrier, L. M., & Cheever, N. A. (2013). Facebook and texting made me do it: Media-induced task-switching while studying. *Computers in Human Behavior, 29*(3), 948–958.

Distractions While Studying

Judd, T. (2014). Making sense of multitasking: The role of Facebook. *Computers & Education, 70,* 194–202.

Rosen, L. D., Carrier, L. M., & Cheever, N. A. (2013). Facebook and texting made me do it: Media-induced task-switching while studying. *Computers in Human Behavior, 29*(3), 948–958.

Wang, Z., & Tchernev, J. M. (2012). The "myth" of media multitasking: Reciprocal dynamics of media multitasking, personal needs, and gratifications. *Journal of Communication, 62*(3), 493–513.

Correlations between Multitasking and Exam Results

Levine, L. E., Waite, B. M., & Bowman, L. L. (2007). Electronic media use, reading, and academic distractibility in college youth. *Cyberpsychology & Behavior, 10*(4), 560–566.

Clayson, D. E., & Haley, D. A. (2013). An introduction to multitasking and texting: Prevalence and impact on grades and GPA in marketing classes. *Journal of Marketing Education, 35*(1), 26–40.

Burak, L. (2012). Multitasking in the university classroom. *International Journal of Scholarship of Teaching and Learning, 6*(2), 8.

The Correlation between Pulling Teeth and Memory

Mensen zonder tanden hebben slechter geheugen [People without teeth have worse memory] (2004, October 28). *NU.* http://www.nu.nl/algemeen/433197/mensen-zonder-tanden-hebben-slechter-geheugen.html.

Experimental Study into Media Usage During Lectures and Study Time

Wood, E., Zivcakova, L., Gentile, K., De Pasquale, D., & Nosko, A. (2011). Examining the impact of off-task multi-tasking with technology on real-time classroom learning. *Computers & Education, 58*(1), 365–374.

Kuznekoff, J. H., & Titsworth, S. (2013). The impact of mobile phone usage on student learning. *Communication Education, 62*(3), 233 – 252.

Bowman, L. L., Levine, L. E., Waite, B. M., & Gendron, M. (2010). Can students really multitask? An experimental study of instant messaging while reading. *Computers & Education, 54*(4), 927 – 931.

Multitasking in the Netherlands

Voorveld, H. A. M., & van der Goot, M. (2013). Age differences in media multitasking: A diary study. *Journal of Broadcasting and Electronic Media, 57*(3), 392 – 408.

Listening to Music at Work

R2 Research B. V. (2012, September 18). Randstad: werknemers productiever door muziek [Randstad: Music makes employees more productive]. Retrieved from https://www.slideshare.net/mennourbanus/randstad-werknemers-productiever-door-muziek.

Don, C. (2017, August 30). Word je productiever van muziek luisteren tijdens werk? [Does listening to music make you more productive while working?] *NRC*. Retrieved from https://www.nrc.nl/nieuws/2017/08/30/nooit-opereren-zonder-muziek-12746134-a1571629.

Ten Have, C. (2012, October 16). Op de werkvloer werkt Adele het best [Adele works best in the workplace]. *de Volkskrant*. Retrieved from https://www.volkskrant.nl/nieuws-achtergrond/op-de-werkvloer-werkt-adele-het-best~b313d381.

Haake, A. B. (2011). Individual music listening in workplace settings: An exploratory survey of offices in the UK. *Musicae Scientiae, 15*(1), 107 – 129.

Supermultitaskers

Watson, J. M., & Strayer, D. L. (2010). Supertaskers: Profiles in extraordinary multitasking ability. *Psychonomic Bulletin & Review, 17*(4), 479 – 485.

The Starting Procedure for Speed Skating

Dalmaijer, E. S., Nijenhuis, B., & Van der Stigchel, S. (2015). Life is unfair, and so are racing sports: Some athletes can randomly benefit from alerting effects due to inconsistent starting procedures. *Frontiers in Psychology, 6,* 1618.

The Accident at the Ketelbrug Bridge

Brugwachter Ketelbrug vrijuit na bizar ongeval [Ketelbrug bridgekeeper free after a bizarre incident] (2008, October 22). *Het Parool.* Retrieved from https://www.parool.nl/binnenland/brugwachter-ketelbrug-vrijuit-na-bizar-ongeval~a38518/.

ANP (2011, April 29). OM vervolgt wachter Ketelbrug tóch [Public Prosecution Service continues prosecution of Ketelbrug bridgekeeper]. *De Volkskrant.* Retrieved from https://www.volkskrant.nl/nieuws-achtergrond/om-vervolgt-wachter-ketelbrug-toch ~beb07f9c/.

Rechtbank wil reconstructive ongeval Ketelbrug [Court wants Ketelbrug accident reconstruction] (2008, March 25). *De Volkskrant.* Retrieved from https://www.volkskrant.nl/binnenland/rechtbank-wil-reconstructie-ongeval-ketelbrug~a963733/.

The Alertness of Radar Personnel

Mackworth, N. H. (1948). The breakdown of vigilance during prolonged visual search. *Quarterly Journal of Experimental Psychology, 1,* 6 – 21.

The Yerkes–Dodson Law

Yerkes, R. M., & Dodson, J. D. (1908). The relation of strength of stimulus to rapidity of habit-formation. Journal of Comparative Neurology of Psychology, 18, 459 – 482.

Diamond, D. M., Campbell, A. M., Park, C. R., Halonen, J., & Zoladz, P. R. (2007). The temporal dynamics model of emotional memory processing: A synthesis on the neurobiological basis of stress-induced amnesia, flashbulb and traumatic memories, and the Yerkes-Dodson law. *Neural Plasticity,* 60803.

Concerning Media Reports That We Have a Shorter Attention Span Than a Goldfish

McSpadden, K. (2015, May 4). You now have a shorter attention span than a goldfish. *Time*. Retrieved from http://time.com/3858309/attention-spans-goldfish/.

Egan, Timonthy. (2016, January 22). The eight-second attention span. *New York Times*. Retrieved from http://www.nytimes.com/2016/01/22/opinion/the-eight-second-attention-span.html.

The Original Data from the Microsoft Study

Statistic Brain Research Institute (2018, March 2). Attention span statistics. Retrieved from http://www.statisticbrain.com/attention-span-statistics/.

Why the Microsoft Report Is Nonsense

Milano, D. (2019, January 1). No, you don't have the attention span of a goldfish. *Ceros Originals*. Retrieved from https://www.ceros.com/originals/no-dont-attention-span-goldfish/.

The Memory of Goldfish

Brown, C. (2015). Fish intelligence, sentience, and ethics. *Animal Cognition*, *18*(1), 1–17.

Attention Span During Lectures

Wilson, K., & Korn, J. H. (2007). Attention during lectures: Beyond ten minutes. *Teaching of Psychology*, *34*(2), 85–89.

Average Video Viewing Times

Smith, A. (2015, December 2). What's the optimal length for a YouTube vs. Facebook video? *Tubular Insights*. Retrieved from https://tubularinsights.com/optimal-video-length-youtube-facebook/.

Stone, A. (2016, June 4). The lie of decreasing attention spans. LinkedIn. Retrieved from https://www.linkedin.com/pulse/lie-decreasing-attention-spans-alvin-stone.

The Potential Benefits of Waiting before Answering Messages and of Taking Breaks from Technology

Rosen, L. D., Lim, A. F., Carrier, M., & Cheever, N. A. (2011). An empirical examination of the educational impact of text messageinduced task switching in the classroom: Educational implications and strategies to enhance learning. *Psicologia Ecuativa, 17*(2), 163 – 177.

Rosen, L. D., Carrier, L. M., & Cheever, N. A. (2013). Facebook and texting made me do it: Media-induced task-switching while studying. *Computers in Human Behavior, 29*(3), 948 – 958.

Rosen, L. D., Cheever, N. A., & Carrier, L. M. (2012). *iDisorder: Understanding our obsession with technology and overcoming its hold on us.* New York, NY: Palgrave Macmillan.

The Effect of Multitasking on Heart Rate

Mark, G., Wang, Y., & Niiya, M. (2014). Stress and multitasking in everyday college life: An empirical study of online activity. In: *Proceedings of the SIGCHI Conference on Human Factors in Computing Systems* (pp. 41 – 50). New York, NY: ACM.

Videogaming and ADHD

Bioulac, S., Lallemand, S., Fabrigoule, C., Thoumy, A. L., Philip, P., & Bouvard, M. P. (2014). Video game performances are preserved in ADHD children compared with controls. *Journal of Attention Disorders, 18*(6), 542 – 550.

4장 정보 수신자: 어떻게 집중력을 향상할 것인가

The Daily Rituals of Geniuses

Currey, M. (2013). *Daily rituals: How artists work.* New York, NY: Alfred A. Knopf.

Resting-State Measurements

Functionele netwerken in gezonde en zieke hersenen [Functional networks in a healthy and sick brain] (2009, November 24). *Universiteit*

Leiden News. Retrieved from https://www.universiteitleiden.nl/nieuws/2009/11/functionele-netwerken-in-gezonde-en-zieke-hersenen.

The Brain's Default Network

Raichle, M. E., MacLeod, A. M., Snyder, A. Z., Powers, W. J., Gusnard, D. A., & Shulman, G. L. (2001). A default mode of brain function. *Proceedings of the National Academy of Sciences, 98*(2), 676–682.

Raichle, M. E. (2015). The brain's default mode network. *Annual Review of Neuroscience, 38*, 433–447.

Daydreaming While Reading

Schooler, J. W., Reichle, E. D., & Halpern, D. V. (2004). Zoning out while reading: Evidence for dissociations between experience and metaconsciousness. In: D.T. Levitin (Ed.), *Thinking and Seeing: Visual Metacognition in Adults and Children* (pp. 203–226). Cambridge, MA: MIT Press.

Daydreaming and Happiness

Killingsworth, M. A., & Gilbert, D. T. (2010). A wandering mind is an unhappy mind. *Science, 330*(6006), 932–932.

The Relationship between Daydreaming and Cognitive Skills

Mrazek, M. D., Smallwood, J., Franklin, M. S., Baird, B., Chin, J. M., & Schooler, J. W. (2012). The role of mind-wandering in measurements of general aptitude. *Journal of Experimental Psychology General, 141*, 788–798.

Schooler, J. W., Mrazek, M. D., Franklin, M. S., Baird, B., Mooneyham, B. W., Zedelius, C., & Broadway, J. M. (2014). The middle way: Finding the balance between mindfulness and mindwandering. *The Psychology of Learning and Motivation, 60*, 1–33.

Unconscious Decisions and Their Benefits

Dijksterhuis, A., Bos, M. W., Nordgren, L. F., & van Baaren, R. B. (2006). On making the right choice: The deliberation-withoutattention effect.

Science, 311, 1005 – 1007.

Newell, B. R., & Shanks, D. R. (2014). Unconscious influences on decision making: A critical review. Behavioral and Brain Science, 37(1), 1 – 19.

Nieuwenstein, M., Wierenga, T., Morey, R., Wicherts, J., Blom, T., Wagenmakers, E.-J., & van Rijn, H. (2015). On making the right choice: A meta-analysis and large-scale replication attempt of the unconscious thought advantage. Judgment and Decision Making, 10(1), 1 – 17.

The Role of Nature in Refreshing Attention

Berman, M. G., Jonides, J., & Kaplan, S. (2008). The cognitive benefits of interacting with nature. Psychological Science, 19(12), 1207 – 1212.

Taylor, A. F., & Kuo, F. E. (2009). Children with attention deficits concentrate better after walk in the park. Journal of Attention Disorders, 12(5), 402 – 409.

Kaplan, R. (2001). The nature of the view from home: Psychological benefits. Environment & Behavior, 33(4), 507 – 542.

Berman, M. G., Kross, E., Krpan, K. M., Askren, M. K., Burson, A., Deldin, P. J., Kaplan, S., Sherdell, L., Gotlib, I. H., & Jonides, J. (2012). Interacting with nature improves cognition and affect for individuals with depression. Journal of Affective Disorders, 140(3), 300 – 305.

The Effect of Training on Expertise

Ericsson, K. A., Krampe, R. T., & Tesch-Römer, C. (1993). The role of deliberate practice in the acquisition of expert performance. Psychological Review, 100(3), 363 – 406.

Newport, C. (2016). Deep work: Rules for focused success in a distracted world. London, England: Piatkus.

The Effect of Brain-Training Programs

Owen, A. M., Hampshire, A., Grahn, J. A., Stenton, R., Dajani, S., Burns, A. S., Howard, R. J., & Ballard, C. G. (2010). Putting brain training to the test. Nature, 465(7299), 775 – 778.

The Benefits of Meditation

Slagter, H. A., Davidson, R. J., & Lutz, A. (2011). Mental training as a tool in the neuroscientific study of brain and cognitive plasticity. *Frontiers in Human Neuroscience, 5.*

MacLean, K. A., Ferrer, E., Aichele, S. R., Bridwell, D. A., Zanesco, A. P., Jacobs, T. L., King, B. G., Rosenberg, E. L., Sahdra, B. K., Shaver, P. R., Wallace, B. A., Mangun, G. R., & Saron, C. D. (2010). Intensive meditation training improves perceptual discrimination and sustained attention. *Psychological Science, 21*(6), 829–839.

Mrazek, M. D., Franklin, M. S., Phillips, D. T., Baird, B., Schooler, J. W. (2013). Mindfulness training improves working memory capacity and GRE performance while reducing mind wandering. *Psychological Science, 24*(5), 776–781.

Jha, A. P., Krompinger, J., Baime, M. J. (2007). Mindfulness training modifies subsystems of attention. *Cognitive, Affective, & Behavioral Neuroscience, 7*(2), 109–119.

The Benefits of Going Offline

Perlow, L. A., Porter, J. L. (2009, October). Making time off predictable—and required. *Harvard Business Review*, 102–109.

The Right to Be Offline

NOS op3 (2017, January 1). Mailt je baas in de avond? In Frankrijk hoef je niet meer te reageren [Does your boss email you at night? In France, you no longer have to respond]. *NOS.* Retrieved from http://nos.nl/op3/artikel/2150987-mailt-je-baas-in-de-avond-in-frankrijk-hoef-je-niet-meer-te-reageren.html.

The Positive Effects of Exercise

Hillman, C. H., Pontifex, M. B., Castelli, D. M., Khan, N. A., Raine, L. B., Scudder, M. R., Drollette, E. S., Moore, R. D., Wu, C.-T., & Kamijo, K. (2014). Effects of the FITKids randomized controlled trial on executive control and brain function. *Pediatrics, 134*(4), 1063–1071.

Ratey, J. J., & Loehr, J. E. (2011). The positive impact of physical activity on cognition during adulthood: A review of underlying mechanisms, evidence and recommendations. *Reviews in the Neurosciences, 22*(2), 171–185.

The Effect of Brain Stimulation on Attention and Concentration
Iuculano, T., & Kadosh, R. C. (2013). The mental cost of cognitive enhancement. *Journal of Neuroscience, 33*(10), 4482–4486.

The Effect of Medication on Attention and Concentration
Advokat, C. (2010). What are the cognitive effects of stimulant medications? Emphasis on adults with attention-deficit/hyperactivity disorder (ADHD). *Neuroscience & Biobehavioral Reviews, 34*(8), 1256–1266.

5장 도로 위 집중력의 중요성

Koen van Tongeren Accident
Veroorzaker ongeluk: "Door mij leeft een kind van twee niet meer" [Cause of accident: "Because of me, a two-year-old child no longer lives"] (2015, April 2). *RTL Nieuws.* Retrieved from https://www.rtlnieuws.nl/nieuws/veroorzaker-ongeluk-door-mij-leeft-een-kind-van-twee-niet-meer

Tommy-Boy Accident
Van Weezel, T. G. (2016, September 1). "Tommy-Boy werd aangereden in een voor hem geweldige zomer" ["Tommy-Boy was hit during a great summer for him"]. *De Volkskrant.* Retrieved from https://www.volkskrant.nl/media/-tommy-boy-werd-aangereden-in-een-voor-hem-geweldige-zomer~a4368683/.

The Relationship between Accidents and Smartphone Use
Redelmeier, D. A., & Tibshirani, R. J. (1997). Association between cellular-telephone calls and motor vehicle collisions. *New England Journal of Medicine, 336*, 453–458.

Strayer, D. L., Drews, F. A., & Crouch, D. J. (2006). A comparison of the cell phone driver and the drunk driver. *Human Factors, 48*(2), 381–391.

The Eye Movements of Nico Hülkenberg

Schrader, S. (2016, July 3). This is how a formula one driver sees the track. *Jalopnik*. Retrieved from https://blackflag.jalopnik.com/this-is-how-a-formula-one-driver-sees-the-track-1782965187

F1 driver eye tracking: Nico Hulkenberg tests out reactions (2016, August 16). *Sky Sports* Retrieved from http://www.skysports.com/f1/news/24227/10328011/f1-driver-eye-tracking-nico-hulkenberg-tests-out-reactions

Reynolds, M. (2016, July 4). See an F1 race through the eyes of the driver and witness his near superhuman reactions. *Wired*. Retrieved from http://www.wired.co.uk/article/see-view-of-f1-driver-with-vision-tracking-technology

Different Types of Conversations While Driving

Drews, F. A., Pasupathi, M., & Strayer, D. L. (2008). Passenger and cell phone conversations in simulated driving. *Journal of Experimental Psychology: Applied, 14*(4), 392–400.

Strayer, D. L., & Drews, F. A. (2007). Cell-phone-induced driver distraction. *Current Directions in Psychological Science, 16*(3), 128–131.

Rueda-Domingo, T., Lardelli-Claret, P., de Dios Luna-del-Castillo, J., Jiménez-Moleón, J. J., García-Martín, M., & Bueno-Cavanillas, A. (2004). The influence of passengers on the risk of the driver causing a car collision in Spain: Analysis of collisions from 1990 to 1999. *Accident Analysis and Prevention, 36*(3), 481–489.

LED Lighting in Bodegraven

Pilotproject met LED-lichtlijnen bij oversteekplaats [Pilot project with LED light lines at crosswalks] (2017, February 9). *Rebonieuws*. Retrieved from https://www.rebonieuws.nl/uncategorized/pilotproject-led-lichtlijnen-oversteekplaats/.

Walking and Talking on a Smartphone in Japan

The Buzz (language column) (2014, March 8). Aruki-sumaho ("smartphone walking"). *Japan Times*. Retrieved from https://www.japantimes.co.jp/life/2014/03/08/language/aruki-sumaho/#.XShneOgzY2w.

Cathy Cruz Marrero

Daily Mail Reporter (2012, March 15). In deep water: Woman who fell into fountain while texting admits to spending thousands of dollars on stolen credit card. *Daily Mail*. Retrieved from http://www.dailymail.co.uk/news/article-2115438/Fountain-woman-Cathy-Cruz-Marrero-sentenced-months-house-arrest-shopping-spree-stolen-credit-card.html.

Masterson, T., & Stamm, D. (2011, January 21). Security guard who put fountain fall online gets fired. *NBC Philadelphia*. Retrieved from http://www.nbcphiladelphia.com/news/local/Foutain-Texter-Security-Firing-114398399.html.

Pedestrian Behavior in New York

Basch, C. H., Ethan, D., Rajan, S., & Basch, C. E. (2014). Technology-related distracted walking behaviours in Manhattan's most dangerous intersections. *Injury Prevention, 20*(5), 343–346.

Walking Behavior of Distracted Children

Stavrinos, D., Byington, K. W., & Schwebel, D. C. 2009. Effect of cell phone distraction on pediatric pedestrian injury risk. *Pediatrics, 123*(2), 179–185.

Chaddock, L., Neider, M. B., Lutz, A., Hillman, C. H., & Kramer, A. F. (2012). Role of childhood aerobic fitness in successful street crossing. *Medicine & Science in Sports & Exercise, 44*(4), 749–753.

Headphone Usage and Accidents

Lichenstein, R., Smith, D. C., Ambrose, J. L., & Moody, L. A. (2012). Headphone use and pedestrian injury and death in the United States: 2004–2011. *Injury Prevention, 18*(5), 287–290.

Multisensory Integration

Van der Stoep, N., Van der Stigchel, S., Nijboer, T. C. W., & Van der Smagt, M. J. (2016). Audiovisual integration in near and far space: Effects of changes in distance and stimulus effectiveness. *Experimental Brain Research, 234*, 1175–1188.

Van der Stoep, N., Nijboer, T. C. W., & Van der Stigchel, S. (2014). Exogenous orienting of crossmodal attention in 3D space: Support for a depth-aware crossmodal attentional system. *Psychonomic Bulletin & Review, 21*(3), 708–714.

Van der Stoep, N., Van der Stigchel, S., & Nijboer, T. C. W. (2015). Exogenous spatial attention decreases audiovisual integration. *Attention, Perception & Psychophysics, 77*(2), 464–482.

Safe Lock Study Fact-Check

Veldhuizen, R. (2017, June 26). Ook smartphonegeluidjes leiden fietsers gevaarlijk af—klopt dit wel? [Smartphone sounds dangerously distract cyclists—is this true?] *De Volkskrant*. Retrieved from https://www.volkskrant.nl/wetenschap/ook-smartphonegeluidjes-leiden-fietsers-gevaarlijk-af-klopt-dit-wel~a4502814/

De Volkskrant (2017, June 30). Klopt dit wel: appen tijdens het fietsen [Is this correct: Using smartphone while cycling]. YouTube video, 3:49. Retrieved from https://www.youtube.com/watch?v=lnAe2q1AIfQ&t=90s

Overconfidence in Traffic

Smit, P. H. (2017, August 2). Veilig Verkeer Nederland: gebruik smartphone in auto even ernstig als rijden onder invloed [Safe traffic in the Netherlands: Using a smartphone in the car as serious as driving under the influence]. *De Volkskrant*. Retrieved from https://www.volkskrant.nl/economie/veilig-verkeer-nederland-gebruik-smartphone-in-auto-even-ernstig-als-rijden-onder-invloed~a4509268/

The Fidget Spinner Craze

Brustein, J. (2017, May 11). How the fidget spinner origin story spun out of control. *Bloomberg*. Retrieved from https://www.bloomberg.com/news/articles/2017-05-11/how-the-fidget-spinner-origin-story-spun-out-of-control.

Singh, A. (2017, May 24). Fidget spinners: What is the new craze banned in schools across the nation? *Telegraph*. Retrieved from https://www.telegraph.co.uk/news/0/what-are-fidget-spinners-new-classroom-craze-banned-across-nation/.

de Vrieze, J. (2017, June 1). Helpt populaire fidget spinner tegen ADHD? [Does the popular fidget spinner help against ADHD?] Elsevier *Weekblad*. Retrieved from http://www.elsevierweekblad.nl/kennis/achtergrond/2017/06/helpt-populaire-fidget-spinner-tegen-adhd-92738w/.

Schneider, R. (2017, May 2). Fidget spinner manufacturers are marketing their toys as a treatment for ADHD, autism, and anxiety.

VICE. Retrieved from https://motherboard.vice.com/en_us/article/53nm5d/lets-investigate-the-nonsense-claim-that-fidget-spinners-can-treat-adhd-autism-and-anxiety.

Fidgeting and ADHD

Sarver, D. E., Rapport, M. D., Kofler, M. J., Raiker, J. S., & Friedman, L. M. (2015). Hyperactivity in attention-deficit/hyperactivity disorder (ADHD): Impairing deficit or compensatory behavior? *Journal of Abnormal Child Psychology*, 43(7), 1219–1232.

Interview about High Sensitivity with Fleur van Groningen

"Misschien is voelen weer toegelaten" ["Maybe feeling is allowed again"]. (2017, September 16). *De Standaard*. Retrieved from http://m.standaard.be/cnt/dmf20170915_03075747.

Elaine Aron and HSP

Aron, E. (2004, November 28). Is sensitivity the same as being gifted?